U0396171

江苏省文化产业引导资金文化艺术精品项目
江苏省"十三五"重点图书出版规划项目

城市与建筑

印度佛教

汪永平 徐燕 王锡惠 编著

Indian Buddhist City and Architecture

Himalayan Series of Urban and Architectural Culture

行走在喜马拉雅的云水间

序

2015 年正值南京工业大学建筑学院（原南京建筑工程学院建筑系）成立三十周年，我作为学院的创始人，在 10 月举办的办学三十周年庆典和学术报告会上，汇报了自己和团队自 1999 年以来走进西藏、2011 年走进印度、围绕喜马拉雅山脉 17 年以来所做的研究。研究成果的体现，便是这套"喜马拉雅城市与建筑文化遗产丛书"问世。

出版这套丛书（第一辑 15 册）是笔者和学生们多年的宿愿。17 年来我们未曾间断，前后百余人，30 多次进入西藏调研，7 次进入印度，3 次进入尼泊尔，在喜马拉雅山脉相连的青藏高原、克什米尔谷地、拉达克列城、加德满都谷地都留下了考察的足迹。研究的内容和范围涉及城市和村落、文化景观、宗教建筑、传统民居、建筑材料与技术等与文化遗产相关的领域，完成了 50 篇硕士学位论文和 4 篇博士学位论文，填补了国内在喜马拉雅文化遗产保护研究上的空白，并将藏学研究和喜马拉雅学的研究结合起来。研究揭

示了喜马拉雅山脉不仅是我们这一星球上的世界第三极，具有地理坐标和地质学的重要意义，而且在人类的文明发展史和文化史上具有同样重要的价值。

喜马拉雅山脉东西长 2 500 公里，南北纵深 300~400 公里，西北在兴都库什山脉和喀喇昆仑山脉交界，东至南迦巴瓦峰雅鲁藏布大拐弯处。在喜马拉雅山脉的南部，位于南亚次大陆的印度主要由三个地理区域组成：北部喜马拉雅山区的高山区、中部的恒河平原以及南部的德干高原。这三个区域也就成为印度文明的大致分野，早期有许多重要的文明发迹于此。中国学者对此有着准确的描述，唐代著名学者道宣（596—667）在《释迦方志》中指出："雪山以南名为中国，坦然平正，冬夏和调，卉木常荣，流霜不降。"其中"雪山"指的便是喜马拉雅山脉，"中国"指的是"中天竺国"，即印度的母亲河恒河中游地区。

季羡林先生把古代世界文化体系分为中国、印度、希腊和伊斯兰四大文化，喜马拉雅地区汇聚了世界上

四大文化的精华。自古以来，喜马拉雅不仅是多民族的地区，也是多宗教的地区，包括了苯教、印度教、佛教、耆那教、伊斯兰教以及锡克教、拜火教。起源于印度的佛教如今在印度的影响力已经不大，但佛教通过传播对印度周边的国家产生了相当大的影响。在中国直接受到的外来文化的影响中，最明显的莫过于以佛教为媒介的印度文化和希腊化的犍陀罗文化。对于这些文化，如不跨越国界加以宏观、大系统考察，即无从正确认识。所以研究喜马拉雅文化是中国东方文化研究达到一定阶段时必然提出的问题。

从东晋时法显游历印度并著书《佛国记》开始，中国人对印度的研究有着清晰的历史脉络，并且世代传承。唐代玄奘求学印度并著书《大唐西域记》；义净著书《大唐西域求法高僧传》和《南海寄归内法传》；明代郑和下西洋，其随从著书《瀛涯胜览》《星槎胜览》《西洋番国志》，对于当时印度国家与城市都有详细真实的描述。进入20世纪后，中国人继续研究印度。

蔡元培在北京大学任校长期间，曾设"印度哲学课"。胡适任校长后，又增设东方语言文学系，最早设立梵文、巴利文专业（50年代又增加印度斯坦语），由季羡林和金克木执教。除了季羡林和金克木，汤用彤也是印度哲学研究的专家。这些学者对《法显传》《大唐西域记》《大唐西域求法高僧传》和《南海寄归内法传》进行校注出版，加入了近代学者科学考察和研究的新内容，在印度哲学、文学、语言文化、历史、地理等领域多有建树。在中国，研究印度建筑的倡始者是著名建筑学家刘敦桢先生，他曾于1959年初率我国文化代表团访问印度，参观了阿旃陀石窟寺等多处佛教遗址。回国后当年招收印度建筑史研究生一人，并亲自讲授印度建筑史课，这在国内还是独一无二的创举。1963年刘敦桢先生66岁，除了完成《中国古代建筑史》书稿的修改，还指导研究生对印度古代建筑进行研究并系统授课，留下了授课笔记和讲稿，并在《刘敦桢文集》中留下《访问印度日记》一文。可惜 1962 年中印关系恶化，以致影响了向印度派遣留学生的计划，随后不久的"十年动乱"，更使这一研究被搁置起来。由于历史的原因，近代中国印度文化研究的专家、学者难以跨越喜马拉雅障碍进入实地调研，把青藏高原的研究和喜马拉雅的研究结合起来。

意大利著名学者朱塞佩·图齐（1894—1984）是西方对于喜马拉雅地区文化探索的先驱。1925—1930 年，他在印度国际大学和加尔各答大学教授意大利语、汉语和藏语；1928—1948 年，图齐八次赴藏地考察，他的前五次（1928、1930、1931、1933、1935）藏地考察均从喜马拉雅山脉的西部，今天克什米尔的斯利那加（前三次）、西姆拉（1933）、阿尔莫拉（1935）动身，沿着河流和山谷东行，即古代的中印佛教传播和商旅之路。他首次发现了拉达克森格藏布河（上游在中国境内叫狮泉河，下游在印度和巴基斯坦叫印度河）河谷的阿契寺、斯必提河谷（印度喜马偕尔邦）的塔波寺（西藏藏佛教后弘期重要寺庙，

两处寺庙已经列入《世界文化遗产名录》），还考察了托林寺、玛朗寺和科迦寺的建筑与壁画，考察的成果便是《梵天佛地》著作的第一、二、三卷。正是这些著作奠定了图齐研究藏族艺术和藏传佛教史的基础。后三次（1937、1939、1948）的藏地考察是从喜马拉雅中部开始，注意力转向卫藏。1925—1954 年，图齐六次调查尼泊尔，拓展了在大喜马拉雅地区的活动，揭开了已湮没的王国和文化的神秘面纱，其中印度和藏地的邂逅是最重要的主题。1955—1978 年，他在巴基斯坦北部的喜马拉雅山麓，古代称之为乌仗那的斯瓦特地区开展考古发掘，期间组织了在阿富汗和伊朗的考古发掘。他的一生学术成果斐然，成为公认的最杰出的藏学家。

图齐的研究不仅涉及佛教，在印度、中国、日本的宗教哲学研究方面也颇有建树。他先后出版了《中国古代哲学史》和《印度哲学史》，真正做到"跨越喜马拉雅、扬帆印度洋"，将中印文化的研究结合起来。

终其一生，他的研究都未离开喜马拉雅山脉和区域文化。继图齐之后，国际上对于喜马拉雅的关注，不仅仅局限于旅游、登山和摄影爱好者，研究成果也未囿于藏传佛教，这一地区的原始宗教文化艺术，包括印度教、耆那教、伊斯兰教甚至苯教都得到发掘。笔者手头上就有近几年收集的英文版喜马拉雅艺术、城市与村落、建筑与环境、民俗文化等多种书籍，其中有专家、学者更提出了"喜马拉雅学"的概念。

长期以来，沿着青藏高原和喜马拉雅旅行（借用藏民的形象语言"转山"）时，笔者产生了一个大胆的想法，将未来中印文化研究的结合点和突破口选择在喜马拉雅区域，建立"喜马拉雅学"，以拓展藏学、印度学、中亚学的研究范围和内容，用跨文化的视野来诠释历史事件、宗教文化、艺术源流，实现中印间的文化交流和互补。"喜马拉雅学"包含了众多学科和领域，如：喜马拉雅地域特征——世界第三极；喜马拉雅文化特征——多元性和原创性；喜马拉雅生态特征——多样性等等。

笔者认为喜马拉雅西部，历史上"罽宾国"（今天的克什米尔地区）的文化现象值得借鉴和研究。喜马拉雅西部地区，历史上的象雄和后来的"阿里三围"，是一个多元文化融合地区，也是西藏与希腊化的犍陀罗文化、克什米尔文化交流的窗口。罽宾国是魏晋南北朝时期对克什米尔谷地及其附近地区的称谓，在《大唐西域记》中被称为"迦湿弥罗"，位于喜马拉雅山的西部，四面高山险峻，地形如卵状。在阿育王时期佛教传入克什米尔谷地，随着西南方犍陀罗佛教的兴盛，克什米尔地区的佛教渐渐达到繁盛点。公元前 1 世纪时，罽宾的佛教已极为兴盛，其重要的标志是迦腻色迦（Kanishka）王在这里举行的第四次结集。4 世纪初，罽宾与葱岭东部的贸易和文化交流日趋频繁，谷地的佛教中心地位愈加显著，许多罽宾高僧翻越葱岭，穿过流沙，往东土弘扬佛法。与此同时，西域和中土的沙门也前往罽宾求经学法，如龟兹国高僧佛图澄不止一次前往罽宾学习，中土则有法显、智猛、法勇、玄奘、悟空等僧人到罽宾求法。

如今中印关系改善，且两国官方与民间的经济、文化合作与交流都更加频繁，两国形成互惠互利、共同发展的朋友关系，印度对外开放旅游业，中国人去印度考察调研不再有任何政治阻碍。更可喜的是，近年我国愈加重视"丝绸之路"文化重建与跨文化交流，提出建设"新丝绸之路经济带"和"21世纪海上丝绸之路"的战略构想。"一带一路"倡议顺应了时代要求和各国加快发展的愿望，提供了一个包容性巨大的发展平台，把快速发展的中国经济同沿线国家的利益结合起来。而位于"一带一路"中的喜马拉雅地区，必将在新的发展机遇中起到中印之间的文化桥梁和经济纽带作用。

最后以一首小诗作为前言的结束：

我们为什么要去喜马拉雅？

因为山就在那里。
我们为什么要去印度？
因为那里是玄奘去过的地方，
那里有玄奘引以为荣耀的大学
——那烂陀。

行走在喜马拉雅的云水间，
不再是我们的梦想。
边走边看，边看边想；
不识雪山真面目，只缘行在此山中。

经历是人生的一种幸福，
事业成就自己的理想。
慧眼看世界，视野更加宽广。
喜马拉雅，
不再是阻隔中印文化的障碍，
她是一带一路的桥梁。

在本套丛书即将出版之际，首先感谢多年来跟随笔者不辞辛苦进入青藏高原和喜马拉雅区域做调研的本科生和研究生；感谢国家自然科学基金委的立项资助；感谢西藏自治区地方政府的支持，尤其是文物部门与我们的长期业务合作；感谢江苏省文化产业引导资金的立项资助。最后向东南大学出版社戴丽副社长和魏晓平编辑致以个人的谢意和敬意，正是她们长期的不懈坚持和精心编校使得本书能够以一个充满文化气息的新面目和跨文化的新内容出现在读者面前。

主编汪永平

2016 年 4 月 14 日形成于乌兹别克斯坦首都塔什干 Sunrise Caravan Stay 一家小旅馆庭院的树荫下，正值对撒马尔罕古城、沙赫里萨布兹古城、布哈拉、希瓦（中亚四处重要世界文化遗产）考察归来。修改于 2016 年 7 月 13 日南京家中。

Himalayan
Series of
Urban and Architectural
Culture

印度佛教 城市与建筑
Indian Buddhist
City and Architecture

目 录
CONTENTS

喜马拉雅 城市与建筑文化遗产丛书

佛陀释迦牟尼于公元前5世纪左右创立佛教，至今已有2 500年的悠久历史。佛教起源于印度，从阿育王时期开始不断向外传播，两千多年来传遍世界各地，如今已成为世界性的一大宗教。佛教城市与建筑伴随着佛教的产生而出现，并不断发展成型。随着佛教的传播，蕴含深奥宗教哲学的印度佛教建筑也一起被传播到世界各地，主要分布在亚洲地区，在不同的文化背景影响下，融合了当地的思想哲学，使得各地的佛教建筑表现形式多样，类型丰富，成为今天的重要文化遗产。令人心痛的是，佛教却并没能在印度持续发展下去，而是受到古代印度其他宗教的排斥甚至迫害，最终导致其一度消失于印度本土之上。古代印度的佛教城市建筑也受到重创，最终断壁残垣弃于荒林，成为废墟或遗址，只有修建于深山老林内的众多佛教石窟少受世间干扰而得以完整地保留了下来。

　　古代印度佛教城市主要集中在北印度，佛教建筑主要有窣堵坡（即佛塔）、寺庙、石窟三种类型。本书通过考古资料结合印度历史、佛教历史、宗教理念以及建筑学的相关理论研究基础，通过对印度多个佛教圣地的实地考察及多方资料的收集，对印度佛教建筑的产生与演变做了较为系统的分析、论述以及归纳总结，全面记录并分析印度佛教遗存丰富的六大佛教圣地的历史与现状，并对佛教建筑在亚洲地区的发展进行比较。

第一章　印度佛教的兴衰

第一节 佛教创立时的历史背景

1. 时代背景

佛教兴起于公元前五六世纪的印度。从公元前 2000 年左右开始，雅利安人就从现在的阿富汗和巴基斯坦一带入侵印度。他们先从西北部开始入侵，之后侵占了旁遮普，随之向东扩张，其后势力已经扩张到孟加拉甚至更东边。可以说，印度佛教产生时期，雅利安人的势力已经完全侵占了整个北印度，此时，婆罗门教正值兴盛，恒河和朱木拿河交汇地成为其宗教和文化中心。在这个残酷的大背景下，印度的原住民不得不背井离乡，重新开辟家园。有些原住民则留了下来，在残酷的压迫下成为社会的最底层。而此时，印度还处于奴隶社会，这些原住民就被迫沦为奴隶，忍受压迫。

就社会经济的发展水平方面，从多年来的考古发掘中我们可以看出，当时古印度文明的文化水平很高，远不是身为游牧民族的雅利安人所能超越的。所以，当雅利安人入侵印度之时，他们也一并继承了印度文明，与原住民协同发展，大力发展农业和手工业，社会分工也逐渐明确，商品经济则飞速发展。到公元前五六世纪时，印度已经步入了铁器时代。

生产力的发展、社会分工的明确，导致不同利益集团的出现，阶级矛盾和阶级分化越来越严重。其直接后果则是国家的产生。据史料记载，当时仅北印度就出现了大大小小许多国家，其中很重要的也是我们经常提到的就是摩羯陀，地理位置相当于印度现在的比哈尔邦一带。这些地方物产丰富，资源充足，国家繁荣昌盛，甚至还开始发展海外贸易。

这些由雅利安人统治的新兴国家实行的虽然都是君主制，但他们实行的政治制度却是类似古罗马时代的定期选举制。他们没有世袭的君王，据很多史学家猜测，这很有可能是受氏族公社影响的。释迦牟尼所属的释迦族就是这样一个国家。

让我们首先了解一下当时社会中各阶级之间的关系。当时的印度执行的是一种叫做种姓制度的社会关系形式。他们的种姓分为四种：婆罗门、刹帝利、吠舍和首陀罗[1]。其中，婆罗门代表的是祭司、知识的垄断者；刹帝利是武士阶层；

---

1 季羡林.朗润琐言：季羡林学术思想精粹[M].北京：人民日报出版社，2011.

吠舍是指农民、牧民、商人；首陀罗则是最低等的工匠。虽然这种种姓制度很早就出现了，但是起初划分得并不严格，各种姓之间也没有非常敌对。但是随着社会的发展，社会分工越来越明确，各种姓之间的利益关系也就越来越突出，随之产生的后果就是种姓制度越来越严格，当然，这也都是政治斗争的产物。

前面提到婆罗门在当时发展稳固，宗教势力在社会中不断渗透。为了更好地巩固势力，婆罗门将这种利于宗教发展的种姓制度加以神化并大肆宣扬。他们甚至规定各种姓的社会地位、权利和义务，并要求不得逾越、不得通婚。这种神化的方式导致了整个社会被搞得支离破碎。

婆罗门和刹帝利都是奴隶主，他们之间虽有矛盾但总体上还是互利互惠的。吠舍跟婆罗门和刹帝利虽主要都是雅利安人，但他们的地位随着他们各自的经济地位而变化，有的最终成为了官吏，有的却几乎沦为奴隶。首陀罗并不是雅利安人，他们是原住民中原本从事手工业的一部分人，随着社会的发展，他们成为各种工匠。可以说，他们还是被统治的奴隶阶级，但是跟一般的奴隶不同的是，他们有人身自由。

四大种姓的统治地位在不同的地域略有区别。在古印度西部地区，婆罗门是当地的最高权力机构，刹帝利次之；而在东部地区则正好相反，刹帝利成为最高权力机构统治着包括婆罗门在内的其他种姓。

从以上这些描述中，可以大致了解到公元前五六世纪时印度的社会经济结构和阶级情况。当时的印度社会中虽然如上所述存在着阶级矛盾和社会斗争，但从整体的社会稳定性来看，各方面的历史资料表明，社会秩序还是比较稳定的，没有能影响到时局的阶级斗争。

当然，也可以从中看出，生活在社会最底层的被压迫的人们在严格的种姓制度下，过着最艰苦的生活。从人类的发展史上来说，有压迫就会有争斗，而这种争斗除了表现在行为上以外，还表现在思想上。如我国春秋战国时期，时局动荡，社会不安，但是在思想上却是百家争鸣的辉煌时期。再看看公元前五六世纪的印度，他们在思想上的斗争表现得非常消极，在残酷的现实生活面前，表现出了强烈的逃避行为，这种思想上的消极对佛教的产生有着深远的影响。

2. 理论基础

前面一节提到了当时印度佛教产生时期的社会经济和政治背景对人们的思想

有着深远的影响。这种思想对佛教的产生更是有了积极的促进作用。下面就来具体谈一谈当时印度佛教产生于怎样的社会思想背景下。

印度的婆罗门源远流长，在佛教起源之前就已经发展了很长一段时间。我们之前提到，从公元前2000年左右，雅利安人就开始入侵印度，到公元前五六世纪，雅利安人已经完全融入并主导着印度社会，所以雅利安人的思想是当时印度社会的主导思想。

雅利安人本是一个乐观的民族，凡事总是向前看。在他们刚开始入侵印度时，在战争中总是表现出视死如归的精神。在他们当时的认知中，死亡并不可怕，死后的世界是美好的。随着征战途中遇到的种种困境和艰难险阻，使得原本乐观的雅利安人有了一些悲观的色彩，那是对前途的迷惘。即便如此，雅利安人的整体思想还是相对乐观的，婆罗门表现的就是雅利安人的这种思想。

还有一种当时的主流思想代表者就是沙门。沙门主张苦行，他们留长发，穿脏衣服，跟乐观的婆罗门完全相反。这也跟代表沙门的修行者——原住民所代表的悲观色彩有很大关系。

沙门中人信奉轮回转生，其基础则是"业"。所谓的"业"就是我们常说的"因果循环"，不过在他们那种对"活着"感到厌恶的情绪支配之下，沙门弟子想尽办法希望跳出轮回，他们认为苦行可以达到这样的目的。

沙门的这种悲观思想来源于被雅利安人征服的古印度时期的本土居民。这种带着浓重悲观主义的沙门思想与之前提到的婆罗门的乐观主义精神是完全相反的。

随着各宗教的发展，公元前七八世纪时，当地居民所代表的一部分哲学思想开始被婆罗门接受并吸收、转化为自身的宗教哲学理论，例如"业报轮回"这种悲观思想。各宗教信仰的相互渗透也反映了当时社会中雅利安人与本地居民所代表的思想开始汇流。

到公元前五六世纪，印度思想界空前活跃。据相关文献记载，当时有上百种哲学派别，其中有很大一部分是隶属佛教的。在这种百家争鸣之际产生了很多佛教经典，例如《长阿含经》《梵动经》等。但是，无论有多少哲学派别，归纳起来就是两大系统：婆罗门和沙门。

其中沙门系统中的一些哲学体系对佛教的产生有着不同程度的影响，大致有以下四种：

第一，以阿素多为代表的朴素唯物思想。该派别认为世界上存在着地、水、火、风四大元素，世间万物都是由这四个元素组成的，他们否认灵魂的存在，所以生存的目的就是享受，这种思想反映着人们对种姓制度的不满。

第二，以末迦黎为代表的定命论派。他们不承认因果业报的说法，认为无论何种修行都不能使得灵魂解脱，而只要经历八百四十万大劫后，人人都可以得救，所以定命论派别的人都对人生抱以听之任之的态度，对于因果循环的说法则消极对抗。

第三，以不兰迦叶为代表的一派。他们也不承认因果业报的说法，认为唯一的解脱之道就是纵欲。

第四，以尼乾子为代表的一派。他们承认因果业报之说，而为了消除苦业，采用苦行的修行方式[1]。

诸如上述各种非婆罗门思想的出现，正表明公元前 6 世纪上半期印度北方各种哲学思想激荡比较剧烈，而佛教正是在这些思潮为背景的情况下创立的。

以上就是当时佛教兴起时印度思想界的基本情况。

第二节 印度佛教的创立

众所周知，佛教的创始人是释迦牟尼。释迦牟尼出生在今天的尼泊尔境内蓝毗尼。据佛教经典记载，释迦牟尼出家前是一位太子，从小在宫中过着锦衣玉食的生活，在宫中奢华糜烂的氛围中享尽了荣华富贵。按正常的逻辑思维来说，这种身份地位的人是不会出家受苦的，那为什么最终释迦牟尼毅然决然出家最后还创立了佛教呢？

首先来了解一下释迦牟尼出生的家族。释迦族是迦毗罗国的一个大家族，统治着当时东北部边缘的几个城邦和部落。之前提到了印度的种姓制度，释迦族在四大种姓中属于刹帝利，他们是印度的原住居民而不是雅利安人的后代。所以，在当时以婆罗门种姓为最尊贵的时代，刹帝利被南部的身为雅利安人后代的婆罗门所不齿。可以想象，当时的民族矛盾在这种种姓制度的压迫下异常激烈。虽身为释迦族的太子，释迦牟尼的地位也只是在原住民中才算高，这种民族矛盾带来的压迫感在一定程度上也是释迦牟尼最终出家的一个诱因。

---

1 季羡林.朗润琐言：季羡林学术思想精粹 [M].北京：人民日报出版社，2011.

再来看释迦牟尼的成长。释迦牟尼从小爱学习,不管是在哪个领域都有很好的修为。他是一个善于思考的人,随着年龄的增长,他越来越觉得生活压抑,所以常常出宫,游览城市各地,这使得他看到很多人民的困苦,感受着人们对于生老病死的无助,也让他更深刻地体会到了民族压迫的不安。

在宫外的阅历让他越来越发觉自我的渺小和无能为力,这样的困境常常让他不知所措,急于寻求一种解脱方式,就算是在成年以后娶妻生子的幸福生活中也没能让他觉得解脱,反而更激发了他对于人生的思考。民族的压迫、人的生老病死这些不公和痛苦刺激着释迦牟尼的神经,急切地想要超脱生老病死的轮回得到永生。虽受到家人的极力反对,他最终还是放弃了荣华富贵和权力,毅然决然地选择了出家苦行,希望能通过这种方式寻找真理。他相信当他弄明白生老病死的因果循环之后就可以得到真正的幸福与安宁,这样就能摆脱苦难得到超脱。

从释迦牟尼的行为来看,他选择的方式无疑是悲观主义的代表,认为活着便是痛苦,所以极力寻求解脱。他出家入沙门,更是深受沙门悲观主义的影响。作为沙门弟子,经历了沙门的传统苦行生涯,最终濒临死亡之时,他发现没有达到自己的预想,没能解脱,反而险些丧命。

可以说,一个宗教就是一门哲学。身为出家之人,释迦牟尼思考了很多,在出家入沙门寻求解脱无果的情况下,他改变了苦行策略,希望通过另一种形式来达到自己的目的。重新进食保存体力之后,继续在菩提树下思考,最终悟道成佛,从此创立佛教。

第三节 印度佛教的发展

1. 印度佛教发展初期

（1）佛教的传播对象

释迦牟尼成佛后,首批弟子便是"五比丘"[1]。关于五比丘身份的说法有很多,佛典里面的记载也不尽相同,有的说这五比丘就是当初释迦牟尼的父

---

1 比丘:佛教术语,又译为比呼、比库等,意译为乞士、乞士男、除士、薰士、破烦恼、除馑、怖魔。佛教受具足戒之后的男性出家僧侣,即称为比丘(女性出家众称为比丘尼),为佛教五众、七众之一,与比丘尼合称出家二众。因未成年而未受具足戒的男性佛教僧侣称为沙弥,只需受十戒。但是成年受具足戒之后,则要遵守二百五十条的比丘戒。

亲派去保护他的五个仆人，也有的记录这五人是当初跟释迦牟尼一起入沙门苦修的同伴。

释迦牟尼第一次讲法是在波罗奈城的鹿野苑，五比丘则是这次讲法的首批弟子，佛教史上称这次讲法为"初转法轮"。由于这次讲法中具备了"佛、法、僧"三宝，因此，这次"初转法轮"被认定为印度佛教创立的标志。

佛教创立初期，佛陀释迦牟尼亲自传授佛法。与有些教派不同，佛教从一开始就没有遭受统治者的打压，而是得到统治者的支持。也正因为如此，佛教教徒从一开始的五比丘逐渐发展为上千人的规模，这一过程仅仅耗时几年。

佛教能在创教初期顺风顺水、平稳发展，有诸多方面的原因。

第一，佛教扎根在民间，认为一切皆有苦，相信业报轮回，业报轮回的说法从一定程度上看是反对种姓制度的表现，这一学说符合很多生活在底层的平民的想法，因而吸引了很多平民信教。第二，佛教教义中规定印度种姓的排列顺序是：刹帝利、婆罗门、吠舍、首陀罗，与婆罗门教相比，刹帝利与婆罗门的尊卑顺序相反，这主要是由于各自代表的阶级不同，佛陀释迦牟尼出家前是刹帝利的身份。抛开种姓的排列顺序，佛教认为人人平等，与婆罗门的种姓歧视不同，他们对生活在底层的吠舍和首陀罗采取开放的态度，这也赢得了底层平民的支持。第三，再看佛教教义，农民的牲口对农业的发展很重要，佛教反对杀牲祭祀，这符合大部分农民的利益。第四，佛教创立初期，佛教徒是不参加劳动的，主要是靠化缘维持生计，而且不能有任何财产，这与大多数人的利益不冲突。第五，佛教虽认为一切皆苦，但他们反对苦行，这又比沙门教派更人性化。除此以外还有很多其他原因，例如，佛教坚持使用通俗易懂的大众语言，而不是使用晦涩难懂的官方语言，这也有利于佛教的传播。这些原因使得佛教在短时间内就奠定了良好的群众基础，使佛教的发展顺利，并在后期发展过程中得到国家的支持而壮大，进而一时发展为国教，也正是由于佛教的无差别对待。随后佛教传入中国、缅甸、泰国等，被各民族、各国家所接受，得到进一步广泛的传播，成为日后世界几大教派之一，有着举足轻重的地位。

（2）早期的佛教传播形式

佛教传播初期，佛陀释迦牟尼亲力亲为，主要通过"讲法"的形式到各地弘扬佛法，他的足迹遍布古印度的各个角落，广收弟子，其中比较著名的有摩诃迦叶、阿难陀、目犍连等。佛陀的一生都在"讲法"，针对不同的人群讲不同的佛法，因人而异、因材施教，使更多人接受。然而，佛陀却没有著书，佛灭之后，他的弟子将佛陀生前所讲的佛法整理起来，分别由不同弟子整理成"经、律、论"三部分，佛典中将这三部分统称为"三藏"。这一时期，佛教徒们过着质朴的生活，潜心学习"经、律、论"，没有偶像崇拜，也没有庙宇，佛史上称这一时期为"和合一味"，这就是原始佛学时期。

这一时期的佛教传播主要靠原始信仰，此时的信仰很纯粹，僧侣生活也很单纯。早期的佛教修炼有两个方面的基本内容：一是听讲佛法；二是个人的独自参悟。佛教创立初期，入门弟子皆是自愿的，不管是一开始的佛陀亲自讲法还是后来的佛陀弟子讲法，面向的听众包括了社会各阶层的人，有高贵的国王，也有卑微的首陀罗，甚至还有奴隶。之前提到的种姓制度阶层中不包括奴隶，佛教中虽没有特意提到奴隶这一身份的人，但释迦牟尼收了一个奴隶为弟子，这直接印证了佛教提倡的人人平等的教法。虽然这一做法被严格要求种姓制度的婆罗门教所不齿，却赢得了更多人的尊重和追捧。所以，总的来说，佛教创立初期秉承稳定的发展态势，打好人民基础，巩固佛教教派，也树立了区别于婆罗门和沙门的鲜明特征，成为一个新的、有前途的教派。

2. 印度佛教发展繁荣期

孔雀王朝的建立是古代印度的第一个文明发展高潮，建立于约公元前325年。其中，阿育王（约公元前273—232年在位）统治时期则是孔雀王朝的巅峰。由于阿育王对佛教的大力支持，在这一时期，佛教及佛教建筑也达到了印度佛教史上的第一个巅峰状态。

对于阿育王皈依佛教的原因说法有很多，其中比较可信的有两种。

第一种说法，阿育王的赎罪。阿育王作为孔雀王朝的第三代国王，常年征战，在征服南印度羯陵迦国时，由于杀戮过多，在他统治安定时期内心忏悔，所以皈依佛教来赎罪，并花费大量的人力、财力来推广佛教，使之成为国教，希望通过这种方法减轻内心的罪恶感。这种说法大多出现在佛典里面，描述阿育王的功绩，洗清他的罪孽。

第二种说法，出于政治手段的需要。阿育王统治时期，虽国势强盛，但在进一步的扩张中，仅凭武力难以征服人心，所以在这种情况之下，转而借用宗教的力量。前面提到，佛教是一个悲观主义的宗教，本着"中道"主义的思想，教导教众学会忍让，与世无争，把希望寄托给轮回，相信命运。这种教导人服从、听天命的宗教正是最好的统治工具。这种政治手段的利用历朝历代、世界各国都有案例，统治者跟宗教的关系有时也难以说清谁依靠谁，只是相互影响罢了。

且不说阿育王大力弘扬佛教的动机，就看看他的做法。阿育王身体力行加入佛教，参加僧团活动，还花费大量资源修建佛教建筑，例如阿育王石柱、石窟、寺庙等。这些佛教建筑所在地逐渐成为佛教圣地，影响着周边的居民，扩大佛教的影响，进一步巩固佛教的国教地位；阿育王还派遣佛教徒到被征服的地区弘扬佛法，正是这种国家的力量，使佛教一时走出印度，传入亚洲各地，可以说，佛教在世界各地的传播有阿育王很大一部分功劳。

第四节　印度佛教的衰败

印度佛教经历了阿育王时期的繁荣之后，又在迦腻色迦王（约公元78—120年）统治时期昌盛一时，直至公元五六世纪，印度佛教发展到了一个最巅峰状态，在这一时期，佛教建筑遍布各地，佛学发展也达到了最活跃的状态。可是，印度佛教也就发展到这个地步，没有更进一步地持续下去。自公元 8 世纪印度教的产生开始，印度的佛教更是没有了以前的繁荣，逐步走向衰败。到 13 世纪，印度本土上已没有了佛教的踪迹，不禁让人怀疑这是否曾经那个佛教繁荣的国土。直至印度独立以后，考古发掘发现了佛教曾经存在的证据，随着不断发掘与佛教相关的史料，佛教才重新步入这个古老的国度，信仰恢复，佛教徒也逐渐增多，成为印度一个初具规模的小教派。据各方面的史料记载，印度佛教的衰败归结于很多原因，除了印度教的影响，还有很多自身的原因。下面就从四个方面来解析佛教在印度的衰败。

第一，佛教内部斗争不断，产生分歧，佛学由单纯易懂的原始佛学变成具有繁杂的佛学体系的宗教。这是从佛教自身来看的，自从佛陀涅槃以来，随着教义的宣传，佛教教徒日益增多。这些教徒入教前的身份、地位、思想都比较繁杂，佛陀入灭后没有一个统领的引导，而是本着原始佛教的修行之路继续发展佛教。之前提到原始佛教的修炼包括听讲佛法和独自感悟两方面。我们知道，每个人对于同一事物的理解往往是不同的，众佛教徒在对佛教的理解上也有很大的出入，教团内部逐渐出现分歧，最终形成了上部座和大众部¹两部分。在长期的发展过程中，上部座逐渐发展成小乘佛教，而大众部则发展成大乘佛教。至阿育王统治时期，众佛教徒集结辩论，希望能分出个所以然来，最终也没能有结果，而佛教也因此形成众多部派，大乘佛教占据了佛教的大部分势力，而原始的佛教则成为小乘佛教，两者对立，各自坚持着不同的修炼。从佛教的内部争斗过程中可以得到一个信息：佛教已不是原来单纯的宗教，而是有着繁杂体系、不同部派的宗教。之前提到佛教发展初期有着良好的群众基础，这其中与佛教教义的通俗易懂是分不开的，可是反观这时期的佛教，已有一部分民众对其产生了一定的排斥心理。

第二，佛教徒生活逐渐世俗化，不断积累财富。印度佛教创教初期，在佛陀释迦牟尼的带领下，佛教徒严格律己，不占有任何财产，靠布施为生。原始佛教也是在佛教弟子近乎游历的过程中传播开来，得到了很好的发展。随着印度佛教地位的巩固，信仰佛教的人从国王到奴隶均有，很多有能力的信众都会捐赠物资和财力。起初佛陀在世时，就有了房屋的捐赠，但是那时候的信仰使他们并不贪恋财物，而是视之为暂歇地。佛陀入灭之后，佛教信仰越来越世俗化，佛教的"中道"主义更是被统治阶级利用。这其中主要是大乘佛教的发展迎合政治发展，大乘佛教在政治者的支持下，逐渐主导了佛教的发展，佛教徒不再四处游历讲法，而是在寺庙内修行，寺庙内部组织也逐渐分工，从而导致寺庙组织的性质发生改变。僧团内部等级制度也随之滋生，这也使得普通民众入僧团的难度增加，直接导致

---

1 各部派经典中，都记载了佛教僧团分裂为上座部与大众部二者，这个事件被称为根本分裂，成为部派佛教的开端。上座部律藏一致记载，在佛陀灭度之后百年（南传佛教记载此时摩揭陀国黑阿育王在位），僧团因为对于戒律的态度不同，产生争议。印度西部摩偷罗国的耶舍比丘，邀请东西方的七百位长老，至毗舍离（Vaishali）举行第二次集结（称为七百集结或吠舍离集结），会中做出决议，认为吠舍离僧团所行的十事是错误的（又称"十事非法"）。这些与会者都是曾亲闻佛陀教导、德高望重、诸漏已尽、所作已办、具六神通与四无碍解智的阿拉汉长老比库，因此，这种代表佛陀本意的长老们（thera）的观点（vāda）就称为"上座部"（Theravāda），即长老们的观点。同时，这项决议的精神也就在以上座比库为核心的原始僧团中保持下来。东方比丘拒绝七百集结结论，自行进行大结集，成为根本分裂的开始。据《异部宗轮论》《异部宗轮论述记》等记载，大众部主张：佛陀是离情绝欲、威力无边、寿量无穷的。佛陀的言论都是正法教理，应该全盘接受。现在实有，过去、未来没有实体。无为法有九种：虚空无为（指无边无际、永不变易、无任何质碍而能容纳一切的空间）、择灭无为（通过智慧的简择断灭烦恼后所证得的道果）、非择灭无为（非由正智简择力，由缘缺不生等而显示的寂灭）、空无边处无为、识无边处无为、无所有处无为、非想非非想处无为、缘起支性无为、圣道支性无为。心性本净，无始以来为烦恼等污染，修习佛法可去染返净。

了佛教初期所宣扬的平等教义在普通民众心中变得具有讽刺意味，使人民与佛教之间产生了隔阂。从这一方面来看，佛教创立初期所积累的群众基础进一步丧失，这是印度佛教逐渐衰败的一个很重要的因素。

第三，伴随着印度教的产生，佛教逐渐淡出历史舞台。印度教是 8 世纪时商羯罗所创立的。商羯罗时期，印度佛教、密教、婆罗门教都已经发展到了一定的程度。印度佛教的世俗化使其不再具有鲜明的特征，不再拥有良好的群众基础，密教和婆罗门教也都有很大的弊端，在普通民众中没有得到普及。在这个时候，商羯罗游历四方，取各教派之所长，创立了日后普及印度的印度教。印度教不是特立独行的宗教，而是吸收了各教派的优点，将各宗教的神请进印度教，这使其从立教之初就取得了大部分人的支持，更是得到了统治者的青睐。从此以后，印度教进驻佛教寺庙内，佛教势力遭受严重打压。除小乘佛教被保留下来继续支撑着佛教外，再无其他。

第四，印度遭受外族入侵，伊斯兰教被强行推广至普通民众，佛教惨遭毁灭性的打击。从 5、6 世纪中叶开始，中亚游牧民族来到西印度，抢劫、迫害僧侣；7 世纪下半叶至 8 世纪中叶，阿拉伯人带着伊斯兰教继续对佛教进行打压；10 世纪末至 13 世纪，佛教依旧持续遭受伊斯兰教以及各方势力的迫害，直至淡出印度的宗教历史舞台。

小结

佛教是世界三大宗教之一，据不完全统计，近几年来信仰佛教的大概有五亿到八亿人口。印度是佛教的发源地，由于古代印度宗教林立，各宗教之间明争暗斗，最终，佛教在这种争斗中败下阵来，佛陀释迦牟尼则被印度教吸纳成为其中一神。至 12、13 世纪，佛教在印度地区内销声匿迹。

佛教在印度的衰败有着多方面的原因，内因与外因皆有之。本章旨在对佛教兴起至衰败过程中的种种因素进行客观评价及分析，将印度佛教的发展状况呈现出来。一方面想让更多的人对佛教在发源地的发展状况有所了解，另一方面为接下来对印度佛教建筑的发展叙述作铺垫。

印度的佛教建筑随佛教的发展而发展，佛教在印度衰败之时，其佛教建筑也没能继续发展，沉没在历史的潮流中。

第二章　印度佛教城市的产生与发展

第一节　恒河流域国家与城市的兴起

1. 历史政治背景

公元前 3000 年在印度河流域兴起的印度最古老的文化哈拉帕文明，是一个分布范围非常广大的文明，在时间上大致与古代两河流域文化及古埃及文化同期。这一文化曾一度相当发达和成熟，具有相当高的城市与经济发展水平，非常丰富的社会生活内容，但由于一系列复杂的不确定原因而衰落，最终彻底消失。哈拉帕晚期，人口逐渐向东南方向迁徙，印度河流域的城市解体后，村庄却因为农业的发展以及吠陀文化中推崇安静祥和、低需求的生活而迅速发展开来。吠陀文化，是从西北而来的雅利安人入侵者带来的新的文化体系[1]，得名于其文化的圣典，是古典印度文化的起源。吠陀一词的含义是神圣的或宗教的知识，中国古代曾将这个词翻译为"明"或"圣明"。吠陀经是大量包括了各种知识的宗教文献的集合，在很长的时期内由多人口头编撰并且世代相传。早期吠陀时代的历史几乎没有任何考古遗址可以查证，同时由于雅利安人的文字发展较晚，只能从《梨俱吠陀》一书中得到关于这一时期社会各方面状态的描述。雅利安人是游牧民族，他们的主要活动是祭祀、迁徙、刀耕火种和对土著居民进行征服，祭祀的对象以自然神灵为主。

《沙摩吠陀》《耶柔吠陀》《阿闼婆吠陀》等经典产生较晚，被称为"后期吠陀"。这四本经典并称为《吠陀经》（Veda）。后期吠陀时期，雅利安人的文化有了很大的发展，他们从早期主要居住的旁遮普地区迁徙进入恒河流域定居。种姓制度大约在这时已经出现，婆罗门教慢慢地代替了敬奉自然神灵的早期吠陀信仰。根据《往世书》和《印度大史诗》的描述，这一时期的雅利安人分成不同的部落和集团，各部落和集团有自己的领导者出现。敌对的部落集团之间进行频繁的战争，众多的早期印度国家在这样的战争中慢慢形成了，也标志着吠陀时代的结束。

公元前 600 年左右的印度次大陆上有不少于 20 个这样的国家（图 2-1）。其中一个比较重要的国家是摩羯陀，地理位置相当于印度现在的比哈尔邦巴特那南面。其余国家有位于现巴基斯坦北部的甘蒲奢（Kamboja）和犍陀罗（Gandhara），

---

[1] 也有学者认为雅利安人并非入侵人种，而是本土居民，但持雅利安人入侵说的学者占多数。

位于西部河间平原的俱卢
（Kuru）、苏罗萨（Surasena）
和般遮（Panchala），位于东部
河间平原的跋沙（Vamsa）、
迦尸（Kashi）和位于其北面的
憍萨罗（Kosala），位于今比哈
尔邦巴特那北面的末罗（Malla)
和弗栗特（Vriji）部落共和国，
临近现在比哈尔邦和孟加拉交
界地带的鸯伽（Anga）、羯陵
伽（Kalinga）， 以及位于印度

图 2-1　古印度十六大国分布示意图

中部的阿伐蒂（Avanti）和其东面的车提亚（Chetiya）等。这些国家虽然实行的
都是君主制，但执行的政治制度却类似古罗马时代的定期选举制度。他们没有世
袭的君王，据很多史学家猜测，这很有可能是受氏族公社的影响。佛教的创始人
释迦牟尼所属的释迦族就属于这样一个国家。

　　"自印度独立以来，印度考古测绘局（Archaeological Survey of India）做了巨
大努力来发掘印度北部早期历史城市。一些城市遗址的年代尚待确定，但人们一
致认同，自公元前 7 世纪晚期至公元前 5 世纪晚期这一时期是印度文化发展的一
个最关键的时期。完全可以说，印度次大陆的历史实际上就是在那个时候开始的。"[1]
这个时期被称为"列国时期"，又因为佛教产生于这一时期，也常被称为佛陀时
期。在这个时期，最初的领土王国在恒河平原的中部建立起来，北印度经历了另
一个城市化时期，而次大陆上现在归属巴基斯坦的那些地区则为波斯皇帝大流士
大帝（Dareios the Great）所吞并。在这个时期的末期，印度的第一个历史人物——
佛陀释迦牟尼进入了历史的视野。

---

1 ［德］赫尔曼·库尔克，迪特玛尔·罗特蒙特.印度史 [M].王立新，周红江，译.北京：中国青年出版社，
2007：63-64.

2. 社会经济背景

就社会经济的发展水平而言，从多年来的考古发掘中我们可以看出，当时古印度文明的文化水平很高，远不是身为游牧民族的雅利安人所能超越的。所以，当雅利安人侵入印度之时，他们也一并继承了印度文明，与原住民协同发展，大力发展农业和手工业，社会分工也逐渐明确，商品经济则飞速发展。直到公元前五六世纪时，印度已经步入了铁器时代。雅利安人正是用铁器砍伐了森林，得到了大片可以长久定居的土地，开始稳定地繁衍生息。

早期佛教经典中提到过很多定居或者临时的村庄聚落。同时也描述了由于铁器的发明、农耕技术的进步，水稻种植和畜牧业的发展成为恒河平原重要的农业，且农产品有了很多富余可以提供给城市。当时已有土地买卖，并且出现地主与雇农阶级，而地主需要向国家交税。

早期佛教经典中也描述了当时的印度城市人口与农村拥有众多人口。除了农民、牧民和商人，还有一部分人从事服务业，如洗衣工、理发师、裁缝、画匠和厨师等。国王会雇佣专业人员为皇室服务，其中士兵的种类就有很多，包含步兵、骑兵、弓箭手、象队和马车队等，除了士兵，还有大臣、政府官员、土地房产管理员、宫廷管家、大象训练师、警察、狱卒以及普通工人和奴隶等。城市人口包括内外科医生、抄写员、会计和货币交换行业的人，还有各种从事娱乐行业的人，如演员、舞者、魔术师、杂技演员、鼓手、高级妓女等。巴利文中还提到在城市及城市边缘居住着许多手工艺者，这些人为城市里的人提供马车、象牙制品、金属工具、丝绸服饰、陶器、毛毯、花环等等。郊区村子的分布往往和某种手工行业有关，这种现象在公元前600年到公元前300年一直存在着。据说城市中从事不同行业的人往往会定下行规，甚至国王在做决定之前都要聆听他们的建议，这很像是早期的行会联盟组织。这种行会组织在佛教经文中被反复提及，在《本生经》（Jatakas）中就提到了18种行会组织，并且详细介绍了它们与国王的关系。

城市化还有一个重要的促进因素就是铸币业的发展。巴利文中第一次提到了各种货币的名称，考古发掘过程中也在各遗址出土了很多货币，大多数是银质的。货币的出现并不意味着以货易货的消亡，但是这对贸易方式的改变有着深远的影响，甚至还催生了高利贷和典当、银行业。除了货币，甚至还出土了标准砝码，这表明公元前5世纪已经出现了某种高度发达的贸易。从印度河文明时代到新的恒河文明,两者之间是否存在某种文化的连续性?对于这个问题,我们目前还无法回答。不过,有趣的是,在塔克西拉发现的1150枚银币中95%在重量上十分接近于印度河文明中的标准化石制砝码。

随着佛教的发展、信徒增加,许多信徒为了追寻佛陀的足迹而踏上朝圣的旅程,这就进一步催化了贸易。当时有两条最著名的跨区域贸易路:北印路线(Uttarapatha)和南印路线(Dakshinapatha)(图2-2)。

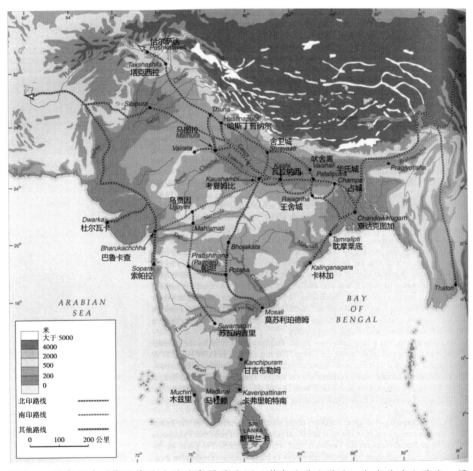

图2-2 早期历史时期印度次大陆的贸易路线图(蓝色为北印路线,红色为南印路线,绿色为其他路线)

两条贸易路线在几个世纪中一直存在并持续发展着。北印路线从印度西北部发端，穿过恒河中部平原，一直到达孟加拉海湾的耽罗栗底（Tamralipti）。各种不同的佛经中记载了沿途的城市与国家。北印路线分为南北两条线。其中南线就经过拉合尔（Lahore）、莱温德（Raiwind）、邦帕丁达（Bhatinda）、德里（Delhi）、哈斯汀纳普尔（Hastinapura）、坎普尔（Kanpur）、勒克瑙（Lucknow）、瓦拉纳西（Varanasi）以及安拉阿巴德（Allahabad），然后继续穿过华氏城和王舍城。除了主线，还有很多与主线连接的支线，如和拉贾斯坦邦相联系的路线，也有到信德省和奥里萨邦海边的。然而由于当时北印国家的强盛，南印的贸易路线的有关记载很少。贸易路线上的车队需要给沿途的国家交税和过路费，税收主要是用于保证贸易安全、镇压消灭沿途抢劫事件的花销。

国内的贸易路线还和国外的贸易路线连接起来，形成更大的贸易网。塔克西拉和北阿富汗及伊朗的贸易路线是获取重要原材料的路线，金、银、天青石、玛瑙和玉等珍贵材料很多来自于异域；印度和美索不达米亚之间则有木材贸易；中亚的贸易路线从新石器时代以来一直都扮演着重要的角色；穿过波伦山谷和北阿富汗的贸易路线也很重要；孟加拉到缅甸的贸易路线还为印度提供玉石；另外，塔克西拉和恰萨达发展成非常重要的贸易中心城市。但是，从西北进入印度的贸易路线不仅吸引商人，还招来了波斯和马其顿的入侵者。佛经中记载了很多有关海上贸易的故事。这一时期，印度和中亚的海上贸易已经非常频繁，另外也开始了和东南亚的海上贸易。贸易的发展使得商人成为城市中的一个重要团体，商人因而在佛经中具有很高的地位。

随着经济的发展，印度社会开始了很明显的阶级分化。公元前6世纪开始，种姓制度已经初步形成。除了种姓制度，亲属关系依然是社会关系中重要的一环。在当时男权社会的印度，家庭中实行的是家长制，对妇女的管制非常严格，要求她们忠贞和纯洁，并且几乎没有婚姻自由[1]。当时的印度，佛教和耆那教不仅负责给家庭制定伦理道德纲常和规则，也号召人们放弃财产和一切社会关系，追求智慧与灵魂解放。出家人与印度的普通家庭虽然是完全不同的群体，但是可以从俗人家庭得到物质资助，俗人则从出家人那里寻求智慧的指导与帮助。种姓制度约

---

1 ［意］玛瑞里娅·阿巴尼斯.古印度——从起源到13世纪[M].刘青，张洁，等译.北京：中国水利水电出版社，2006.

束着印度人的生活，同时也赋予社会一定的运转规则。印度的底层人民处于严酷的社会等级制度之下，寻求着精神解脱，这也为佛教的传播奠定了群众基础。

3. 佛教城市的发展

从佛教产生与发展直至消亡的过程中可以看出，在漫长的从无到有、从兴盛到衰亡中，真正属于佛教黄金时代的是公元前 6 世纪到公元 6 世纪，其中从公元前 300 年到公元 300 年间，佛教迎来了它的鼎盛时期。《本生经》中记载到，整个印度次大陆上，城市成为主角。社会分工更加详细，城市附近有各种类型的村庄，有的是专门制作陶器的村庄，有的是专门制作芦苇、毯子编织品的村庄，还有渔村、猎人村等等，它们为城市源源不断地提供各类生产生活物资。可惜的是，早期城市的考古资料非常贫瘠，只有一些旧城堡的遗址还有一些存留，而相当大的一部分没有得到考古发掘[1]。

这个时期北印度重要的城市，例如西北部的古城白沙瓦，即现在位于恰萨达的布色羯逻伐底，位于恒河中部平原，有着良好的规划，建筑全部是火烧砖砌筑的哈斯丁普纳尔；德里的古堡旧堡（Purana Qila），在公元前 3 世纪到公元前 1 世纪就有了繁荣的手工业；阿约提亚（Ayodhya），是一个和印度西部有着密切联系的手工业中心城市；安拉阿巴德的施令加瓦拉普纳（Shringaverapura），在公元前 2 世纪时居住区的面积达到最大，这归功于该城建造了一个具有高超工程水平的大水池，水通过人工开挖的河道从恒河中引进城市；马图拉，在当时已经是一个兼容并蓄的文化艺术中心城市；恒河中下游的著名佛教圣城舍卫城，出土了佛舍利和阿育王时期的大型寺院建筑，类似的佛教圣城还有王舍城、吠舍离等等；古占城（Champa），已经普遍使用火烧砖，和其他很多城市一样，开始用砖砌筑城墙并且修建三面的护城壕，西孟加拉的迪纳杰布尔县（Dinajpur）南部的斑嘎（Bhangarh）也是如此；另外西孟加拉的塔姆卢克（Tamluk）和芒格洛尔（Mangalkot）都是重要的港口城市……

除了以上地区，现在的奥里萨邦和西孟加拉领域内以及德干高原、中西部印度的广袤大地上，城市都像星星之火一样开始了燎原之势，在印度半岛上遍地开

---

1 然而需要注意的是，考古学家依据有些遗址横截面的年代，以当时的时代来命名考古层，但这存在一定的误区，如有个层被称为贵霜层，但是其实当年贵霜的疆域并没有囊括这块地方，只是为了便于命名，给它一个时代背景做名字。

花，且城市与城市之间互相联系，文化、贸易的交流也随之开展。第二次城市化的网络如同蜘蛛结网在次大陆的版图上慢慢形成，甚至在遥远荒蛮的南印度，也在公元前300年到公元300年间迈开了滞后的早期城市化步伐（图2-3）。但是在这个时期，势力强盛的摩揭陀王国的统治、北印长期繁荣的统一帝国、盛极一

图2-3 历史早期南印度的大城市示意图

时的佛教，这三个要素占据了这段历史最重要的分量，而且三个要素彼此之间也有着密不可分的联系。本章针对三个要素影响下的恒河流域佛教圣城展开论述，以揭示这个时代最伟大的城市图景。

第二节 恒河流域的佛教圣城

公元前6世纪左右，在印度北部和西北部，无论是历史记载还是考古发掘的真实资料都表明，城市再次兴起了。但是一千年的断层之后重建的城市，跟之前的哈拉帕城市文明在社会、文化方面的转变还是很大的。这个时期被称为印度历史上的第二次城市大发展时期。经历这个变化的并不是印度河流域，而主要是恒河流域平原，尽管依然有一些城市中心是处于恒河流域之外的。

随着摩羯陀国的强大及尊崇佛教的孔雀王朝慢慢统一北印，北印的城市发展与佛教的传播就有了密切关系。但是由于很多城市历经多次毁坏和重建，一直使用到今，考古发掘工作不能在所有古城遗址上全面展开以揭示其原貌，所以对早期城市的了解，在很大程度上依赖于古代文字记载。

在早期巴利文权威经文中，恒河流域至少有 6 个非常大的城市形象（经文中称为 Mahanagaras），从佛教的角度来看这些城市都是非常重要的：占城 [（Champa，比哈尔邦，靠近巴加尔布尔（Bhagalpur）]，王舍城（Rajagriha，Rajgir，比哈尔邦），鹿野苑（Sarnath，靠近瓦拉纳西，北方邦），考夏姆比（Kaushambi，靠近安拉阿巴德（Allahabad，北方邦），舍卫城（Shravasti，Sahet-Mahet，北方邦），拘尸那迦（Kushinagar，Kasia，北方邦）。另外还有：阿希切特拉（Ahichchhatra）[靠近巴雷利（Bareilly），北方邦]，哈斯汀纳普尔 [Hastinapura，在德里密拉特（Meerut）地区]，马图拉（Mathura，靠近今天北方邦的马图拉），吠舍离 [Vaishali，靠近穆扎法尔布尔（Muzaffarpur）的巴沙（Basadh），比哈尔邦]。这些城市有许多文字记载，也有考古遗迹。佛教经文中记载的六大圣城都坐落在恒河流域的广阔平原，分布地域西到安拉阿巴德，东到巴加尔布尔。这一大片土地都是佛教时期大变化上演的舞台（图 2-4）。中国唐代高僧玄奘在公元 7 世纪时游历印度，归国后写下《大唐西域记》，书中记录了当时古印度各地的风土人情。虽然当时

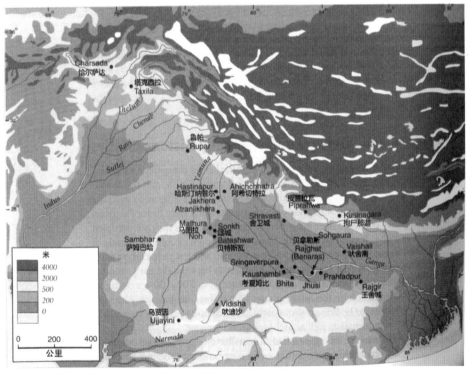

图 2-4　历史早期北印度的大城市分布图

佛教在印度本土已逐渐衰落，但依然可以从他的记录中得到有关古印度城市翔实的描述。

19 世纪和 20 世纪初期，英国人在印度的考古发掘主要以寻找、确认在印度和中国古代佛教文献中的佛教遗址和城市中心为主，出土了大量铭文、雕塑、佛塔、寺院遗址、城市遗址等等，为我们重新揭开古佛教圣城的面貌提供了有力的物质证据。

当然也有些城市不坐落在恒河流域，如蒂普里（Tripuri，靠近贾巴尔普尔 Jabalpur, 中央邦），乌贾因（Ujjayini，今马哈拉施特拉邦的 Ujjain），马西施马蒂（Mahishmati，今马哈拉施特拉邦的 Mandhata），著名的城市塔克西拉（Takshashila，巴基斯坦，靠近今拉瓦品第 Rawalpindi 的塔克西拉 Taxila），还有恰萨达（Pushikalavati，今巴基斯坦的 Charsadda）。这些恒河流域以外的城市将在第三节中详细介绍。

1. 华氏城

巴特那（Patna），古代称为华氏城（Patliputra），梵文 Pātaliputra，古代又称 Pataligram，即"华子城"。《佛国记》中被称为巴连弗邑，《大唐西域记》中则记载为波吒厘子。波吒厘子，原为一种树名，该树开淡红色花，因华氏城宫中多种此树，香花繁盛，所以以之命名城市。

华氏城位于恒河下游，约在今印度比哈尔邦巴特那附近，是古印度最大的城市。这是朝圣者们追随佛祖足迹的一个主要起点。在北印度恒河流域建立的众多国家中，摩揭陀国逐渐强大起来，国王旃陀罗笈多·摩里建立了孔雀王朝，于公元前 321 年登上王位，他的孙子阿育王最后统一了整个印度（图2-5）。公元前 6 世纪到公元 4 世纪，

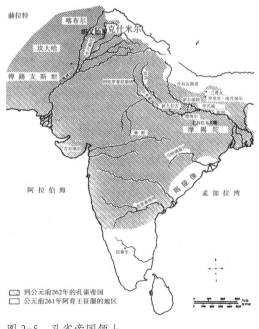

到公元前262年的孔雀帝国
公元前261年阿育王征服的地区

图 2-5　孔雀帝国领土

摩揭陀国的首都就在华氏城。在最繁荣的孔雀王朝时期和笈多王朝时期，尤其是在大力支持佛教的孔雀王朝阿育王时期（公元前273年—公元前232年），华氏城的发展达到了它的顶点，第三次佛教大会也在孔雀王朝统治下的华氏城中召开。佛陀曾经预言华氏城将成为南瞻部洲（Jambudvipa）最辉煌的城市，同时也预言了它将遭受火灾、洪灾和内乱。

在《律藏经》记载中，华氏城是一个繁荣的商业中心，从历史记载中我们又可以看到华氏城从一座商业型城市向领导型的城市中心转变，最后成为阿阇世王（Ajatashatru）[1]之后摩揭陀的政治中心。4世纪后，华氏城又成为笈多王朝都城。6世纪下半叶的一场大洪水和紧接着的匈奴的侵略完全毁灭了这座城市，到7世纪唐玄奘旅居印度时，华氏城已荒芜。直到16世纪时，在阿富汗国王舍尔沙（Sher Shah Suri）的统治下，它才稍稍恢复了古代的辉煌。19世纪英国殖民时期，该城被改名为巴特那。现在，巴特那是一座依然在不断扩张中的印度大都市。

据古史料记载，佛祖曾在恒河平原上一边游历一边沿途布道，他必须穿过恒河和恒河边上的一个小镇——华氏城。这座小城是一个重要的水路贸易中心点，作为经济交流中心占据着重要的地位，所以摩揭陀的国王打算把原来在王舍城的都城迁移到那里。根据去过华氏城觐见孔雀王朝宫廷的希腊使者麦加斯梯尼（Megasthenes）[2]的描述，华氏城沿着恒河岸边绵延15公里，宽约2.8公里，城墙呈平行四边形，外围被一条宽阔的护城壕包围，护城壕内的城墙上有570座城楼和64座城门，城墙上还有可以发射弓箭的哨兵站，城内有效率极高的市政机构。"华氏城王宫内外的列柱缠绕着黄金浮雕藤蔓，装饰着金银鸟雀簇叶图案，比波斯帝国都城苏萨和埃克巴塔纳的王宫更为壮丽"[3]。皇宫花园养着孔雀和野鸡，绿树成荫，树木和草地中还有一些是受到皇室特别照料的，据说由于温度控制得当，这些树木从不凋谢，而且繁花常开，景色尤其美好。当时的人们从不伤害野生鸟类，王国中的鸟儿自由翱翔，在树上做巢，繁衍生息。印度本土的鹦鹉成群地飞翔在

---

1 阿阇世王是古印度摩揭陀国的国王，频婆娑罗王（Bimbisara）之子，与释迦牟尼、笩驮摩那（Vardhamana）生活在同一个时代。

2 麦加斯梯尼（Megasthenes，前350年—前290年）。古希腊塞琉古一世的伊奥尼亚使节，曾几次前往印度孔雀王朝旃陀罗笈多一世国王的宫廷。在华氏城中待过一段时间。他游历了北印度，是首位权威撰述印度历史的希腊人。他的四卷本《印度史》，其中包括地理、种族、城市、政府、宗教、历史和神话传说的记载。

3 王镛.印度美术[M].北京：中国人民大学出版社，2010.

出行的国王旁，场面动人。皇宫花园里还有美丽的人工湖，湖里养着多种不同大小的观赏鱼类，皇帝的小儿子们在湖边学习驾船和捕鱼[1]。5世纪初，中国东晋高僧法显西行求法来到这里，在他的《佛国记》中赞叹华氏城王宫："巴连弗邑（华氏城）是阿育王所治，城中王宫殿，皆使鬼神作，累石起墙阙，雕文刻镂，非世所造。"

关于古华氏城的确切位置，考古学家们一直在争论，因为这牵涉到确定恒河（Ganges River）和颂河（Son River）的古代位置。阿育王时代以前的建筑以木构为主，阿育王时代则从木建筑向石建筑过渡。由于华氏城当时位于沿河，建筑大多是砖木结构的，所以在雨水、洪水泛滥下，这些建筑很难长时间保存。只有一些重要的砖混合泥土建造的建筑留下一些残存。所以华氏城的考古发掘能够了解到有关古华氏城的资料很少，根据考古发掘，阿育王时期的华氏城遗址已经在巴特那城中确立了好几个地点。其中最重要的是1896年发掘的肯拉哈尔（Kumrahar）和布兰迪巴（Bulandibagh）。

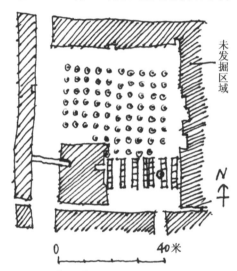

图2-6 华氏城王宫柱厅平面图及遗址

1912年在肯拉哈尔出土了一个体量较大的集会柱厅（图2-6），它有10排柱子，每排8个。中国僧人法显曾在5世纪的时候来到过这里，并在游记中记录了这些华丽闪亮的柱子。

布兰迪巴位于肯拉哈尔的西北边。在布兰迪巴河流沙滩中发掘出一些巨大的木栅残片，和两面相距3.5米的由木头竖直拼成的墙体，可能是华氏城城墙

图2-7 华氏城王宫柱头

---

1 考孔雀王朝的《政事论》一书中对皇宫的描写。

的遗迹，这也许就是麦加斯梯尼描述的华氏城的大型木构建筑的残骸了。布兰迪巴出土的黄褐色砂石雕刻——华氏城王宫柱头（图 2-7），现藏巴特那博物馆，其风格采用了波斯王宫流行的柱头样式。

　　因为古城已经毁灭殆尽，且许多发掘遗址与文献记载并不能完全匹配，所以如今我们对这座孔雀王朝繁华的古城知之甚少。笔者实地造访华氏城遗址，发现大片土地已经融为印度普通乡村景象（图 2-8、图 2-9），古代建筑不复存在，当年的繁华都城面貌模糊难以辨认，护城河已近干涸（图 2-10、图 2-11），荒草蔓延。

2. 瓦拉纳西

　　瓦拉纳西（Varanasi，古 Banaras）坐落于印度北方邦，恒河西岸，是当今的印度教圣地、著名历史古城，古代迦尸国首都。考古发掘显示最早于公元前 800 年左右这座城市已经有人居住。古代被称为迦尸（Kashi）和贝拿勒斯（Banaras），因城市地处瓦拉纳河（Varuna River）和阿西河（Assi River）之间，1957 年取两条河的名称合成为现在的名称。瓦拉纳西以北约 10 公里处是著名的佛教圣地——佛祖初转法轮地鹿野苑。

图 2-8　华氏城遗址上的农村民居

图 2-9　当地特色民居草房

图 2-10　华氏城遗址上干涸的护城河

图 2-11　依然可以看出护城河相当宽

传说瓦拉纳西的历史非常悠久，甚至比古巴比伦、耶路撒冷、雅典都要早。相传 6 000 年前，婆罗门教和印度教主神之一的湿婆神建立了这座城市。列国时期后期，迦尸国被强大的摩揭陀国打败后，失去政治上的领导地位而成为宗教中心城市，雅利安人的宗教经典在这里得到编纂和整理，各种差异较大的教派也百家争鸣。公元前 4—6 世纪，这里已成为印度的学术中心，许多思想家哲学家来此地交流和学习，也为吠陀文化即后来的印度教发展打下丰厚的思想与理论基础。公元前 5 世纪，佛祖释迦牟尼曾经来到这里，在位于市西北 10 公里处鹿野苑首次布道、传教。公元 7 世纪，中国唐代高僧玄奘到这里朝圣，他在《大唐西域记》里描述瓦拉纳西："复大林中行五百余里，至婆罗疤斯国（旧曰波罗奈国，讹也。中印度境）。婆罗疤斯国，周四千余里。国大都城西临殑伽河，长十八九里，广五六里。间阎栉比，居人殷盛，家积巨万，室盈奇货。人性温恭，俗重强学，多信外道，少敬佛法。气序和，谷稼盛，果木扶疏，茂草霏靡。伽蓝三十余所，僧徒三千余人，并学小乘正量部法……婆罗疤河东北行十余里，至鹿野伽蓝，区界八分，连垣周堵，层轩重阁，丽穷规矩。僧徒一千五百人，并学小乘正量部法……"

孔雀王朝时期的瓦拉纳西是一个远近闻名的佛教传播中心，今天它却已是一个重要的印度教圣地。印度教徒期待超脱生死轮回，而他们相信在瓦拉纳西的恒河畔沐浴可涤荡灵魂的污浊，火化后将骨灰洒入河中也能超脱生前的痛苦。吠陀仪式中不需要造像，而只需要举行祭火的神坛，所以当时砌筑了很多砖砌的神坛。但早期神坛没有多少能够保存下来，这样的仪式却一直传承至今。现今瓦拉纳西沿着恒河边有着大大小小的浴场和无数延伸进恒河里的阶梯。清晨，太阳升起的时候，无数虔诚的印度教徒浸泡在恒河水中，沐浴、漱口、祈祷；夜晚降临的时候，信徒们聚集在恒河边上点燃蜡烛进行神圣的恒河夜祭。

古城贝拿勒斯的遗址位于现今的罗赫迦特（Rajghat），在瓦拉纳西的东北边，但古迹已经所剩无几。考古仅发现早期的居住区外围有防御性城墙，还发现了火烧过的土地和陶环一圈圈摞成的井。这里的第一座城市聚落也形成于公元前 6 世纪。公元前 5 世纪左右罗赫迦特从村镇迅速扩展成城市。当时它还是一个以优良的纺织业著称的城市，是丝绸之路上的一个重要节点，它的纺织品销往欧洲和中国。据说佛祖涅槃后所用的盖毯就产自瓦拉纳西，盖毯的质量非常好，不会沾染任何油污。即便在今天，印度出嫁的新娘们也喜爱穿着瓦拉纳西生产的纱丽。瓦拉纳西后来成为大干线（Great Trunk Road）的重镇，今日有一座卡桑铁道桥穿越恒河。

　　笔者实地走访这座圣城，发现佛教时代的遗存已经全无踪迹，现在的瓦拉纳西是一座中世纪建筑与印度教庙宇遍布的古城，沿河的西岸鳞次栉比地分布着84个浴场，城内有50多个入口可以通达这些浴场大台阶，大多数庙宇和浴场建于18—19世纪。漫步在圣城中可随时目睹圣浴与葬礼，行走在老城的小巷中与一只只悠闲的牛擦身而过，感受着古城散发着的宁静与智慧的气息，也真是一场特殊的心灵洗礼（图2-12）。

3. 舍卫城

（1）历史背景

　　"舍卫城"（Sravasti）是古代印度的"室罗伐悉底国"翻译过来的叫法，舍卫城所在地本来是古代印度桥萨罗国的首都，中国和尚法显来此朝拜之时，称这里为拘萨罗国舍卫城。桥萨罗也是古代印度的十六大国之一，被萨罗瑜河一分为二，舍卫城所在的一部分国土被称为北桥萨罗。北桥萨罗最早的国都是阿瑜耶，然后是沙祇，最后才是室罗伐悉底，也就是舍卫城。

　　在佛典中，舍卫城是很重要的圣城之一。佛陀释迦牟尼在此度过很长一段时间的雨安居，有的说是二十年，也有记载是二十四年或二十五年，年限不是重点，重点是佛陀长期在这里宣扬佛法，使周边很多人受佛教教义影响，加入佛教，佛

图2-12　现在的瓦拉纳西城与恒河

教也从这里向外蔓延，发扬光大。早期佛教建筑史上很重要的建筑物祇园精舍就在舍卫城近郊，佛陀释迦牟尼的讲法活动很多都在祇园精舍进行，《金刚经》就是阿难在祇园精舍主持完成编写记录的。

（2）遗址概况

舍卫城位于阿契罗伐替河畔，与包括王舍城在内的三条重要商道相通，此城作为商道汇合地是当时印度的重要商业中心之一。市场繁荣，人口众多，据《方广大庄严经》中记载：室罗伐悉底是一个冠盖云集之地，王孙公子，贵胄将相，彼来此往，络绎不绝；屋宇整洁，街道平直，以便巡逻，城分三重，有王城及内外城，城门在四个以上（图2-13）。

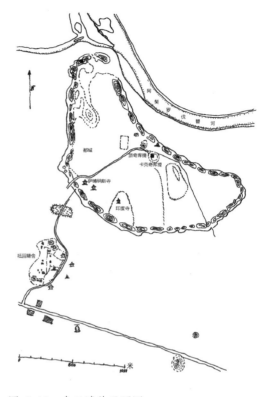

图 2-13 舍卫城总平面图

贵霜王朝时期，舍卫城在王室的支持下不断发展佛教并培养了很多佛教弟子。迦腻色迦王统治时期，还修建了很多安置着佛像的佛塔，迦腻色迦王对佛教的贡献仅次于阿育王。贵霜王朝的结束也使得舍卫城失去了王室的支持而走向下坡。佛教在古代印度经历立教、发展、繁荣、衰退等漫长的过程，无论佛教发展如何，舍卫城都是世界各地佛教弟子心中朝拜的圣地，其重要性可在各国佛徒朝圣之旅的记录中见一斑。如5世纪中国和尚法显到舍卫城朝圣，记录当时城内仅有二百余户居民，但"绕祇园精舍，有十八僧伽蓝，尽有僧住处，唯一处空"[1]。唐代高僧玄奘到达此地之时，已是城郭荒颓、伽蓝圮毁，满目荒凉。

舍卫城祇园精舍断断续续地发展持续至12世纪，12世纪往后佛教信徒迫于穆斯林统治者的持续压迫而离开了这里。至此，舍卫城彻底成为废墟。

---

1 （唐）玄奘 辩机，原著．季羡林，等校注．大唐西域记校注 [M].北京：中华书局，1985.

（3）考古论证

前面提到，古代印度不善记录历史，所以，对于舍卫城的情况也自然少有记载。由于本国缺乏文字史料，别国佛教僧侣的朝圣记录就成了古代印度历史研究的珍贵记载。其中中国历代的朝圣弟子记录的内容多且详尽，但由于时代变迁，前后记载有矛盾之处，这也是可以理解的。

康宁汉姆先从相关资料中比对得出结论，认为拉菩提河南岸的沙赫特和马赫特两个村落是室罗伐悉底的遗址所在地。这一说法具有一定程度的可靠性：这两个村落位于现在印度的北方邦奥德境内，在贡达与巴赫雷奇两个县的边界上，这里曾出土了刻有铭文"室罗伐悉底"字样的巨大佛像，马赫特就是舍卫城的遗址所在，而沙赫特就是祇园精舍遗址所在；20世纪末英国学者霍一曾在遗址上参加了考古发掘工作，并出土了大量的佛教雕刻和刻有铭文的石碑，还有少量的婆罗门教和耆那教的物件，这次的考古发掘工作的结果对康宁哈姆的说法产生一定的佐证作用。

（4）遗址现状

在唐玄奘《大唐西域记》里如此描述当时已渐衰败的舍卫城："室罗伐悉底国，周六千余里。都城荒顿，疆场无纪，宫城故基周二十余里。虽多荒圮，尚有居人。谷稼丰，气序和。风俗淳质，笃学好福。伽蓝数百，圮坏良多。僧徒寡少，学正量部。天祠百所，外道甚多。"[1]

从遗址现状来看，舍卫城都城遗址呈半月形。都城遗址由一圈长达5.23公里的城墙包围，除了西南面城墙上有两个城门外，其余三个方向上均各有一个城门，分别位于西北、东北和东南角上。城内建筑遗迹较少，但是类型比较丰富，包括佛教建筑遗址、婆罗门教和耆那教的一些建筑结构遗址，还有少数中世纪时期的坟墓。其中最重要的三个遗址是萨博纳斯（Sobnath）寺、派奇库提（Pakkikuti，图2-14）以及卡克奇库提（KachchiKuti，图2-15）。萨博纳斯位于西侧入口处，是一座耆那教的寺庙；派奇库提是都城遗址中最大的建筑遗存之一，坎宁安认为这是中国朝圣者所记录的舍利塔，但也有其他不同的观点；卡克奇库提位于派奇库提的东南角，是舍卫城都城遗址上另一个规模最大的建筑遗存，起初很多学者都认为这里也是中国朝圣者所记录的佛塔之一，但是在后期的考古发掘过程中发

1　（唐）玄奘　辩机，原著.季羡林，等校注.大唐西域记校注[M].北京：中华书局，1985.

图 2-14　派奇库提　　　　　　　　　图 2-15　卡克奇库提

现的高浮雕所记录的场景都表明了这个建筑遗存是曾经婆罗门教的寺庙。

随着考古工作的深入，舍卫城遗址上的一些建筑遗存、街道、城镇布局逐渐明朗，显示着这座古老的都城的悠久历史和时代变迁，也显示着这里宗教信仰的变化。古老的舍卫城遗址就像是古印度的浓缩的代表，诉说着一个古城的故事。现在的舍卫城都城遗址内荒无人烟，杂草丛生，显得格外荒凉，只有这些建筑遗存还能看出这里曾经的辉煌。

（5）沙赫特——祇园精舍

祇园精舍园位于舍卫城都城西南角约 3 公里的位置上。据《大唐西域记》卷六记载，祇园精舍园遗址东门左右各建有阿育王石柱，高约七十尺，但现在已不复存在。

祇园精舍内各建筑遗址总体呈带状布局，主要分为南北两片区。北片区是祇园精舍遗址的中心区域，由五大精舍围绕中心的几个代表佛陀的佛塔组成，其布置形式属于古印度佛教寺庙典型的佛塔中心式布局。大精舍大概建于 10 世纪，后毁于大火。

南片区分布着二号大精舍与八个佛塔，周边散落着一些小精舍。二号大精舍从 6 世纪到 12 世纪间历经多次修缮甚至重建。该精舍平面呈矩形，由 21 个僧舍围合而成，中心庭院内有一塔。精舍东面有一个佛龛，佛龛周围有一圈圆形小路环绕，体现了僧侣们转塔诵经的习惯。

除南北两大片区外，还有几个很重要的遗址：佛祖曾经居住的考善巴库提（Kosambakuti）和甘陀库提（Gandhakuti），还有阿难菩提树。遗址园附近还有一些各国佛教信徒捐资所建的近现代寺庙。

佛经中记载须达多散金赠园[1]，建起了祇园精舍，当时只有较为简单的几个精舍，满足佛陀讲法、布道及其弟子生活起居的需要。后来佛陀在这里长居，祇园精舍不断发展扩建，精舍数量增加，规模则大小不同。佛陀涅槃后，祇园精舍成为佛教重要的圣地之一，更多的佛教僧众集中在此修行与学习，很多精舍在原址上扩大，也有增建，逐渐形成寺庙，这种发展持续了几个世纪，直至舍卫城最终被摧毁。

4. 王舍城

王舍城（Rajagriha，今 Rajgir）位于今比哈尔邦的巴特那东南面40公里左右，距那烂陀寺[2]南面10公里，距离菩提伽耶（佛陀悟道处）46公里。曾经为摩羯陀（Magadha）的第一个首都的王舍城，由五座山头包围，形成天然的防卫性"城墙"，城市外围还有一个圆形的将近40公里的城墙。现在看来它只是一座小城，但历史上它曾经是一座重要的大城市。

佛教时期它是帕坦（Patan）到恒河流域中部的贸易路线的终点站。考古学家们在王舍城的考古工作主要致力于确定古代佛经与玄奘游记中提到的地址。在古王舍城其实有两个城区，老城和新城（图 2-16）。

图 2-16　王舍城总平面图

---

1 法显在《佛国记》中记载："憍萨罗国舍卫城，城内人民希旷，都有二百馀家，即波斯匿王所治城也。大爱道故精舍处。须达长者井壁及鸯掘魔得道般泥洹绕身处，后人起塔皆在此城中。"《敦煌变文集·降魔变文》："大觉世尊於舍卫国祇树给孤之园，宣说此经……须达为人慈善，好给济於孤贫，是以因行立名给孤。布金买地，修建伽蓝，请佛延僧，是以列名经内。"这一传说常作为佛教雕刻题材，向人们提倡淡泊金钱，转而追求生命中的大智慧。
2 古印度著名佛教大学，玄奘曾在此学习。

老城坐落在五座山头中，被两道石头城墙围住。老城巨大壮观的城墙穿梭在群山中，大概有25～30公里长。据史料记载，这些城墙约建造于公元前6世纪的频婆娑罗王（Bimbisara）时期，而新城的两道城墙大概建造于公元前5世纪左右的阿阇世王（Ajatashatru）时期。旧城北门外有佛与外道提婆达多斗法塔，东北是舍利佛证果塔，往北是外道胜窟皈佛塔和说法堂。城东行百米内即到达灵鹫山。旧城遭大火焚毁后，国王阿阇世王在离旧城4公里

图 2-17　大讲坛

图 2-18　在大讲坛念经的佛教信徒

处新建豪华宫殿为新城，名为王舍城（House of the King）。新城全盛时有32个大门和64个望楼。后阿阇世王迁都华氏城，王舍城则留给婆罗门居住。新城也被城墙环绕，但是位于面北的平原上。

灵鹫山[1]又名耆阇崛山，是包围王舍城的五座山头中最高大的，环境清幽。佛陀在雨季曾长期居住于此，讲经布道。山上有释迦牟尼说法处的砖砌"回"字形大讲坛（图 2-17、图 2-18）、佛灭后第一次三藏结集的七叶窟、提婆达多欲谋害佛陀之石、佛入定处、弟子阿难入定处、舍利子入定处、如来七日说法堂等。除此以外，还有两处当年释迦牟尼暂居的石窟（图 2-19）。

现王舍城所在地大部分已经变成农田，周边还有一些近现代各国僧人建造的

---

1 《大智度论》卷三对此事曾有二说，一说山顶似鹫，王舍城人见其似鹫，故共传言鹫头山；一说王舍城南尸陀林中有死尸，诸鹫常来啖食，食毕即还山头，时人遂名鹫头山。

寺院。经过考古发掘，找到了竹林精舍、频毗婆罗牢、卑钵罗石室等佛教遗址，出土的佛教文物较少。5世纪中国法显来到王舍城，见城已荒废。7世纪唐僧玄奘抵此，描绘城"外郭已坏，无复遗堵。内城虽毁，基址犹峻，周二十余里，面有一门"，"城

图2-19　释迦牟尼居住的山洞

中无复凡民，唯婆罗门减千家耳"。

5. 吠舍离

（1）吠舍离（Vaishali）概况

吠舍离遗址坐落在恒河北岸，北部是尼泊尔的山脉，西边是甘达克（Gandak）河，在今印度比哈尔邦的首府巴特那以北约三小时车程的位置。

吠舍离是梨车维国的首都[1]，这个国家是世界上第一个共和邦国。释迦牟尼第一次来到这里是在菩提伽耶悟道之后的第五年，后又多次前来，直到在这里做最后一次讲法，并宣布自己即将离世。佛陀涅槃一百多年后，佛教弟子还在这里举行了佛教徒的第二次集结，这次集结导致佛教内部产生了"根本分裂"[2]。佛祖的弟子阿难陀就是在吠舍离外的恒河中涅槃的。因此，吠舍离成为佛教史上意义特别的圣地，具有很重要的历史意义。

（2）吠舍离遗址

吠舍离遗址（图2-20）是考古学家甘宁汉对照《大唐西域记》找到的。据玄奘在《大唐西域记》中记载，吠舍离"伽蓝数百，多已圮坏，存者三五，僧徒稀少。天祠数十，异道杂居，露形之徒，繁其党。吠舍离城已甚倾颓，其故基趾周六七十里，

---

1 佛陀在世时在北印度出现了以摩揭陀国、憍萨罗国为代表的16个国家，吠舍离城是其中之一梨车维（Lichchavi）国首都。据说这个国家的政体不是帝王独裁制，而是"世界最古老的共和制"。

2 这次集结的结果虽然是保守派所代表的上座部赢得了胜利，但众多普通比丘所代表的大众部从此独立开来，造成"根本分裂"，这也是古印度部派佛教的开始。

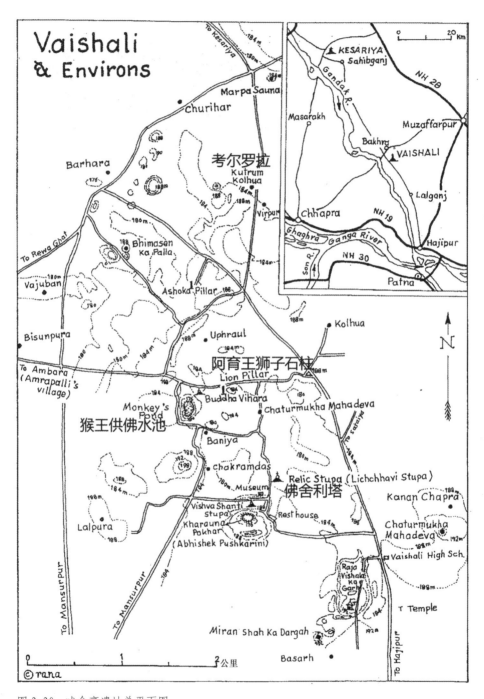

图 2-20　吠舍离遗址总平面图

宫城周四五里，少有居人"[1]。可以看出 7 世纪时，这里已经萧条。

遗址的考古发掘工作从 20 世纪初期开始至今，已发掘的建筑遗址的年代从公元前 2 世纪一直到公元 4、5 世纪。城址的平面尺寸为 1 580 英尺 × 750 英尺，周长约 4 600 英尺，与《大唐西域记》内所记载的"宫城周四五里"的描述相符。城市遗址范围广大，建筑遗迹分布较为零散，局部呈小集团式发展。现已发掘整理出来的一部分中，最重要的是阿育王石柱所在地。但到目前为止，发掘工作依然在进行中，整理出来的只是很小一部分，都城遗址还没有完全被发掘出来。所以整座城市的具体布局形式需等待整体发掘工作结束后才能揭开面纱。

（3）考尔罗拉遗址与阿育王柱

吠舍离考古发掘比较完善的考尔罗拉（Kolhua）[2] 遗址是吠舍离的代表，阿育王石柱、佛陀入灭舍利塔遗迹及僧院遗迹都大体保存了下来。考尔罗拉是梨车维国王为释迦牟尼而建，也是传说中猴王给佛供奉蜂蜜的地方以及佛陀首次接受女信徒出家之地。传说中著名的妓女庵罗女（Amrapali）在这里得到佛祖洗礼而获得纯净的灵魂，她慷慨捐赠了自己的芒果园给僧伽，并且得到了僧伽的尊敬，附近的阿瓦拉（Amvara）村相传就是当年庵罗女的芒果园。

考尔罗拉出土了带有走廊和庭院的寺庙，一个大水池和一个窣堵坡，还有考尔罗拉最为醒目的孔雀时代的阿育王石柱（图 2-21）。石柱高 11 米，柱头是阿

图 2-21 阿育王柱与窣堵坡

1 （唐）玄奘，辩机，原著.季羡林，等校注.大唐西域记校注 [M].北京：中华书局，1985.
2 即 Kutagarshala Vihara。

育王石柱中较为精美的，坐狮面向拘尸那伽（Kushinagar），狮子下面雕有覆莲。《大唐西域记》记载考尔罗拉："其西北有堵坡，无忧王所建，旁有石柱，高五六十尺，上作狮子像。"这尊石柱是目前全印度保留最完整的阿育王时代的石柱之一。石柱并没有常见的阿育王的诏书，石柱上的文字雕刻属于笈多王朝时代。阿育王柱是古印度佛教时期重要的纪念性标志构筑物，体现了建筑群的尊贵身份。

阿育王石柱后面是一个大型砖砌窣堵坡，同建于阿育王时期。贵霜时期又增加了佛塔的高度，并在笈多时代进行了全面的砖块修复，所以今天我们仍能看到较为完整的建筑形象与干净整齐的砖块。与这座窣堵坡相连的是传说中猴王供佛使用的名为"Markat-Hrid"的水池，当年佛陀说法的讲堂就在池畔。

回城途中的道路旁能看到吠舍拉（Vishala）国王的城堡遗迹，吠舍离即由此而得名。1公里以外是行加冕礼的水池，这里面的水用于给选举出的吠舍离的代表们洗礼。它的旁边是一座日本庙宇和世界和平塔，这座佛塔内供奉着吠舍离佛祖舍利中的一小部分。靠近加冕礼水池的是佛祖遗迹塔，在这里梨车维国王曾虔诚地供奉着佛祖圆寂后分得的八份舍利之一，现在原址中存放佛祖舍利的圣棺已经被巴特那博物馆收藏[1]。佛祖遗迹塔北边是吠舍离的考古博物馆，馆中收藏着此地公元前3世纪到公元6世纪的精美艺术品。

据传在佛祖最后一次布道后，他朝向拘尸那伽走去，信徒们留恋他，跟在他后面不愿离去，佛祖就在现在柯萨莉亚（Kesariya）村子用幻象做了一条发洪水的河流迪奥拉（Deora）来阻断信徒们跟随。阿育王后来在这个地方建造了一座佛塔。

考尔罗拉是一座真正意义上的佛教圣城。

6. 考夏姆比

佛陀时期最杰出的防御性城墙在跋沙王国（Vatsa Mahajanapada）的首府，考夏姆比城（Kaushambi）。这座城市虽然与佛教关系并不密切，但却是当时连接德干高原和恒河流域及西北部的贸易路线上的重要城市。

考夏姆比县位于印度北方邦，曼詹普尔（Manjhanpur）是它现在的行政中心。

---

1 各个国家为了能够得到佛祖的舍利供奉权，几乎引起了战争，最后婆罗门教提出了一个建议：将佛祖火化所留下的舍利等分成八份，分给了赶过来的八个国家。分到佛舍利的八个国家分别在自己的国家修建了佛塔来供奉，但是随着时间的推移和佛教的推广，越来越多的国家和人民希望能分得佛舍利进行供奉，所以那些佛舍利又被陆续地再次细分，最终，阿育王决定兴建84 000座佛塔来供奉。今天，佛陀的舍利已经遍布整个亚洲，用各种形式的佛塔进行供奉。

城市占地 50 公顷，周长有 6.5 公里，是跋沙最大的城市。大多数学者都倾向于认同防御性城墙的出现早于公元前 6 世纪。

近年由埃尔德希（George Erdosy）[1] 带领的考古发掘工作主要是针对考夏姆比内部和它周边地区的城市形态（图 2-22、图 2-23）。与其他城市布局形态不同的是，他们发现考夏姆比并不是跋沙唯一的城市中心，它的居住区分为四个等级，就在离它不远的地方还有两个属于第二等级的遗址，卡拉（Kara）和施令加瓦拉普纳

图 2-22　考夏姆比遗址

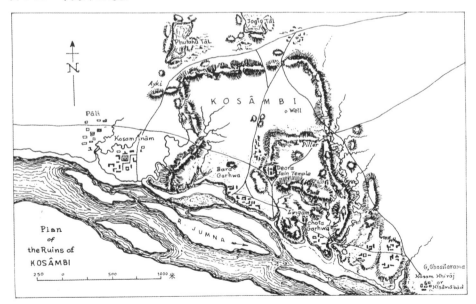

图 2-23　考夏姆比城市平面图

---

1 考古学家，主要致力于研究安拉阿巴德地区的考古发掘及研究。

（Shringaverapura）。这两座城市都坐落在恒河岸边，面积大约都是 12 公顷。在施令加瓦拉普纳和考夏姆比中间，还有一个面积 6.75 公顷左右的遗址。埃尔德希又进一步找出了很多面积 0.5 ~ 6 公顷不等的第三等级的小遗址。另外还有 16 个 0.42 ~ 2 公顷的第四等级的小遗址，是农民和牧民的住房。从许多小遗址出土的手工艺品可以看出，这些是初级产品加工场所，包括部分农业部分手工业。

埃尔德希的研究证明了考夏姆比作为强有力的城市中心，控制着它周边的一大片城市腹地。当时考夏姆比城的人口增长加剧了整个坎普尔地区的城市与农村的分化。

巴利文记载中还提到城中一个叫做戈希塔拉玛（Ghoshitarama）的寺庙，后来较晚期出土的寺庙印章也证明了这一点。这充分说明了作为一个贸易城市在当时对周边环境的影响。城东门外还有一处用于祭祀活人的祭坛。考夏姆比在公元前 300 年时城市面积达到 226 公顷，人口达 36 000 人，毫无疑问是跋沙王国的城市中心和行政中心。公元前 2 世纪，考夏姆比城毁于战争。

7. 马图拉

马图拉（Mathura）是印度早期历史上一座重要的城市，古称秣菟罗，曾是苏罗森那国都城。现在的马图拉位于印度北方邦西南部，朱木拿河西岸，距德里市 130 公里。《摩诃婆罗多》(Mahabharata）和《印度史诗》都把它与雅达瓦家族(Yadava Clan）相联系，克里希纳神（Krishna）就出生在这个家族中，这座城市总是与克里希纳神的故事一起出现在人们的口口相传中。作为重要的商贸城市，马图拉一度非常繁荣，在贵霜王朝时期成为北印度远近闻名的大都会。

马图拉成为恒河与亚穆纳河的汇流点最杰出的城市，在传统文献中，铭文记载和雕塑艺术和考古挖掘中，都能证明这一点。当代的《诃利世系》（Harivamsa）[1] 描写这个新兴城市："在他的高墙和护城河后方是半月形市区，规划完善，是个繁荣的大城市，到处是从远方而来的陌生人"。1966—1974 年考古学家在颂克（Sonkh）的考古发掘显示，古马图拉城遗址现在是位于马图拉郊区的地方。这里的的城市文明起源于公元前 4 世纪到公元前 2 世纪，居住区的面积扩大到 3.9 平方公里，有三面夯土城墙，亚穆纳河在城市的东面。考古发掘出的遗址及周边区

---

1 梵文诗集。

域覆盖广阔的 300 公顷。是目前已知的早期历史城市中最大的[1]。

这座城市的居住区建筑不仅有土坯砖，也有火烧砖。这个地点经历了从小村庄逐渐变成大城市的过程。法显曾访问此地，据他记载，"此地有二十僧伽蓝，刻有三千僧"。马图拉是一个地区文化中心，它的佛教、耆那教、婆罗门教都很繁荣，也因为它高超的雕塑艺术而声名远播；马图拉也是地区政治中心，这一点毋庸置疑，尤其是在贵霜王朝统治下的全盛时期，那时它在政治上与西北部次大陆正融为一体；马图拉更是地区商业中心——这座城市坐落于肥沃的恒河平原入口处，位于北部贸易路线和向南到达马尔瓦（Malwa）的贸易路线及去往西部边境的贸易路线的交汇点上，这也是它商业繁荣的主要原因。马图拉城市的多功能化为它的伟大崛起铺平了道路。佛教经文《方广大庄严经》（Lalitavistara）赞美它繁荣、广阔、慈悲。它拥有非常多的人口，穷人可以很容易得到救济物资。

马图拉因犍陀罗艺术而著名，它日后影响了印度、东亚和南亚的整个艺术史。贵霜时期结合印度本土传统，以及在犍陀罗的希腊—佛教艺术推动下，印度艺术发生了重大革命，形成了多源头、有活力的生命观和开放的艺术胸襟。艺术形式包括绘画、戏剧、诗歌、雕刻等，以佛教造像艺术较为突出。3—6 世纪，马图拉与犍陀罗（印度西北部古国，今分属巴基斯坦与阿富汗）是印度最早的两个佛陀雕像制作中心，在贵霜时期（1—3 世纪）期间得到很大发展，在笈多时期（4—5 世纪）到达顶峰。大量生产的佛教雕像主要销往东西部地区。对中国佛教艺术而言，在这里诞生的艺术风格，具有主流范本意义[2]（图 2-24）。

图 2-24 马图拉出土的身穿希腊长袍的佛像

---

1 印度考古测绘局 1973-1974 年考古发掘。

2 赵玲.从吠舍离到加尔各答——印度的佛教圣地和雕塑[J].中国宗教，2011（2）.

马图拉早期的佛教建筑中最有代表意义的是佛塔。虽然马图拉现在已经没有历史建筑遗存，但是我们能从雕刻艺术中找到一些关于马图拉建筑的刻画。从图2-25的石刻中可以看出马图拉佛塔的底座基本上呈圆形，附属装饰物有一个伞盖、一条彩色饰带以及花环和飞翔的千闼婆。正前方是一条门道，门道两边有栏杆夹道，门道尽端有柱，佛塔位于一圈栏杆内部。

这个佛塔就是很正统的印度当时流行的民族艺术风格代表。考古人员已经在很多地方发现了佛塔外圈的栏杆的遗迹，有些是石头的，有些则是完全腐烂、没留任

图 2-25　马图拉佛塔形象

何遗存的木质栏杆。这些栏杆上都有浅浮雕，且多以反映佛祖生平事迹为主要内容。它们传承了古代的传统，也传承了犍陀罗艺术的细节。

第三节　恒河流域以外的佛教城市

在恒河流域以外，伊兰[1]和乌贾因（Ujjayini）都有着巨大的城墙，也有着强烈的城市特征。这里的城墙大概是公元前750—公元700年就建造了。最突出的城市就是西北部的塔克西拉城了。塔克西拉是犍陀罗国（Gandhara，现巴基斯坦境内）的首都。公元前6世纪，阿黑门尼德王朝统治下的波斯王国在几十年内崛起，成为有文字记载的历史上第一个主要帝国。凯洛斯（Kyros），这个帝国的缔造者，据说曾派遣一支远征军远赴阿富汗，并且到达了印度边境，但征服西北印度的重担却留给了大流士（公元前521—前485年）。在著名的希斯顿铭文（约公元前518年）中，他提到犍陀罗是他的帝国的一个行省，仅仅在数年之后，别的铭文就把信德添加到了这个行省名单中。印度河就这样成为波斯帝国的边界。

现在的塔克西拉遗址——皮尔山丘（Bhir Mound）的考古发掘向我们揭示了塔克西拉在孔雀王朝之前到孔雀王朝时期的发展（公元前5世纪—前2世纪早期）。

1　伊兰（Eran），马尔瓦（Malwa）东部的基里基纳（AirikinaO 古城。

波尔山上居住区砖结构的遗迹和街道都显示着塔克西拉的城市特征。

　　另一座有城墙和壕沟圈住的恰萨达（印度河西面靠近白沙瓦）城建造于公元前4世纪左右，大概相当于在马其顿人入侵犍陀罗时。这座城市与塔克西拉一样都位于穿过印度库什的重要贸易路线上。

1. 塔克西拉

　　古城塔克西拉（Taxila）的名字含义为"石刻之城"，是世界文化遗产之一。它位于今印巴交界处，巴基斯坦旁遮普省。它是世界上伟大的东西交汇地之一，连接着阿富汗到中亚的陆上交通和阿拉伯海通向印度河的海上交通。同时它也是有名的佛教研究中心，在那里，风格独特的犍陀罗艺术发展起来，比欧洲文艺复兴要早1 000多年。塔克西拉拥有许多寺院，后来的塔克西拉整座城市由曾居住于此的多个民族如贵霜人、塞种人等共同建立起来。塔克西拉的考古发掘揭示了三个主要居住区遗址：皮尔山丘（Bhir Mound）、斯尔卡普（Sirkap）和斯尔苏克（Sirsukh）（图2-26）。皮尔山丘上有着塔克西拉最老的城区，时间跨度从公元

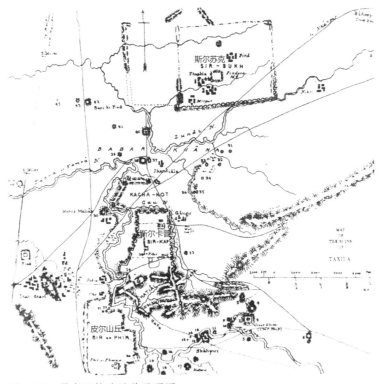

图 2-26　塔克西拉遗址总平面图

前 5、6 世纪到公元前 2 世纪，遗址中最早的年代可上溯到阿契美尼德时期和波斯人统治时期（公元前 6 世纪左右）。

（1）塔克西拉的历史

在公元前第一个千年，犍陀罗的崛起使得塔克西拉成为古印度重要的学习和教育中心、繁荣的文化和商业中心。在佛陀时期，许多王子和杰出人士都是在那里接受教育的。尽管塔克西拉没有正规的大学，却有一批由知名教师管理、维持和主持的学院。这座城市也凭借在教育上赢得的声望逐渐发展成为当时的一座世界性城市。塔克沙卡[1]在这一地区的马尔格拉山脉一侧，毗邻塔木拉河的哈提亚尔山丘上创建了它的山城，并成为塔克西拉城市建立的标志。由于它的战略性位置，历史上塔克西拉城几经易手。公元前 516 年，塔克西拉被并入伊朗的阿契美尼德人的帝国当中，成为犍陀罗都城，开始了它的第二个历史时期。公元前 5 世纪，塔克西拉被波斯大流士帝国征服。至公元前 4 世纪末又成为南亚次大陆西北地区最大的城市。公元前 326 年，亚历山大大帝的版图囊括了塔克西拉。接下来，公元前 321—公元前 189 年间，孔雀王朝统治着塔克西拉。后来由于贸易路线变迁，塔克西拉渐渐衰落，这座繁华一时的城市最终在公元 5 世纪左右被白匈奴人毁灭[2]。

公元 5 世纪后，塔克西拉的佛教文明一蹶不振。当年辉煌的佛教遗址渐渐被泥土荒草掩埋，后来连塔克西拉的名字也被人遗忘了。1862—1865 年和 1872—1973 年间，印度考古先驱亚历山大·甘宁汉[3]率团队对犍陀罗地区进行考古发掘，查明了古城遗址（图 2-27）。随后 20 年期间，考古工作继续进行。1912—1934 年和 1944—1945 年间，英国考古学家约翰休伯特·马歇尔和英国人莫蒂默·惠勒等人两次对古城进行了大规模发掘，发现了大量犍陀罗佛教艺术品和其他文物并公诸于世。塔克西拉的璀璨历史文明这时才得到世人的认知，成为重要的文化遗产。

---

1 据印度史诗《罗摩衍那》记载，该城由罗摩（毗湿奴的化身）的弟弟婆罗多建立，以婆罗多之子、第一代统治者的名字塔克沙（Taksa）命名，称塔克沙西拉（怛叉始罗）。

2 520 年，中国的朝圣者宋云访问这一地区时，西北印度的大部已为白匈奴所统治，这时的国王是印度什叶派王（Hindushahiyya King），《洛阳伽蓝记》中描述他："立性凶暴，多行杀戮，不信佛法，好祀鬼神"。

3 Alexander Cunningham，原为英国工程师，殖民期间作为孟加拉工程组派到印度做考古研究，是印度考古测绘局的创始人。

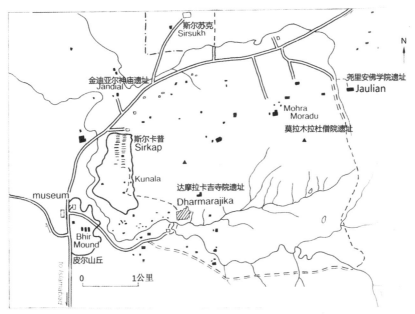

图 2-27　塔克西拉及周边遗址分布示意图

塔克西拉遗址根据时间前后可划分为三个部分：皮尔山丘、斯尔卡普和斯尔苏克。

皮尔山丘：皮尔山丘位于塔克西拉盆地西端的高地，其遗址占地 70 公顷左右，主要展示了公元前 6 世纪至公元前 2 世纪孔雀王朝时期的文明（图 2-28）。

甘宁汉于考古发掘皮尔山丘之前描述看到的遗址："泰沙里附近的古代城市（我建议这样定义塔克西拉）毁灭以后，其遗址分布的范围很广，南北长约三英里，东西宽两英里。

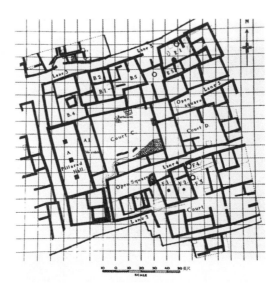

图 2-28　皮尔山丘的神庙平面图

许多窣堵坡和寺院的遗存延伸至方圆几英里以外，但城市的遗址局限于上面所提到的有限的范围以内。这些遗址由几个独立的部分组成，每一部分都有一个单独的名字，至今依然如此。"[1]除了甘宁汉描述的内容，我们从约翰·马歇尔[2]考古发掘的内容中还能看到城市布局杂乱无章，街道曲折狭窄，房屋由毛石砌筑，大多数住宅都有院子。整体城市面貌和技术手段仍然是比较粗糙和原始的（图2-29）。如约翰·马歇尔所说："最早的城址据说是在皮尔山丘，已经被完全发掘出来了，向我们展示出一片混乱的景象：不整齐的聚集物和乱糟糟的毛石，与涂了灰泥和未涂灰泥的早期掩体几乎没有区别。"[3]

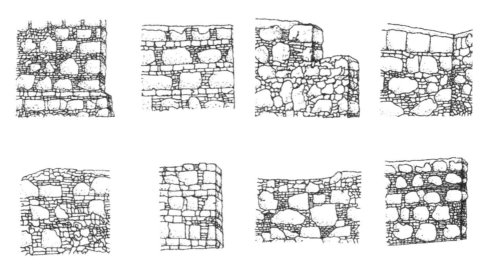

图 2-29　斯尔卡普遗址上从公元前 1 世纪到中世纪时期的石墙砌筑方式

　　尽管公元前 4 世纪的塔克西拉是个大都市，历史文献记载中却鲜有对这一时期塔克西拉城市与建筑的描述。不过有部分学者认为目前皮尔山丘的考古发掘并不完整，所看到的毛石房屋只是下层工匠们的聚居点，而非整座城市的全貌。

　　斯尔卡普：公元前 2 世纪，大夏国的希腊统治者德米特里建造了这座城市（图2-30）。但我们现在所见的遗址，是公元 40 年左右帕提亚人重建的，遗址占地70 公顷，时间跨度从公元前 2 世纪到公元 1 世纪。它是三个遗址中发掘最充分的，拥有 13 公顷裸露的建筑。

1（巴基斯坦）艾哈默德·哈桑·达尼.历史之城塔克西拉[M].刘丽敏，译.北京：中国人民大学出版社，2005.

2 John Marshall（1876—1958），著名英国考古学家，继亚历山大·甘宁汉之后在塔克西拉领导考古工作 20 年有余.

3 Mortimer Wheeler.The Indus Civilization[M].[S.l.]：Book Club Associates，1953

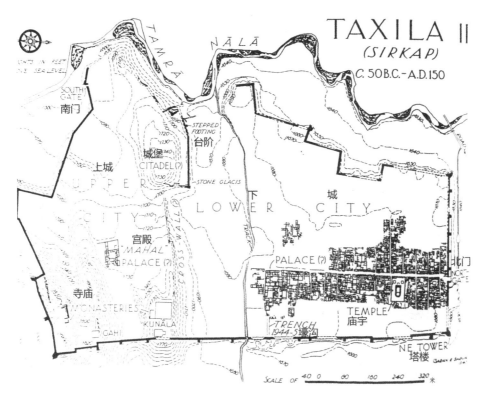

图 2-30　斯尔卡普遗址总平面图

　　斯尔卡普遗址由上城和下城两部分组成。上城即哈提亚尔山丘。下城南北长约 600 多米，东西宽约 200 多米，四周被厚 4.6 ～ 6.6 米的石砌城墙包围。城内街道大多十字相交，较为规整，少数也有不太规则的走向。正中是一条宽 7.6 ～ 9.1 米、长近 700 米的大街。许多小巷与大街相交，总共把城市划分成 26 个街区。沿着大街布置的是住宅、店铺、庙宇，大街东南端有一座宫殿遗址（图 2-31）。该城市与街区经过精心设计，说明

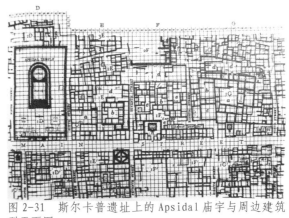

图 2-31　斯尔卡普遗址上的 Apsidal 庙宇与周边建筑群平面图

可能是当时社会上层人居住的地方。下城著名的建筑遗迹有双头鹰庙和穹顶庙，二者都是佛教的宰堵坡。斯尔卡普附近有一希腊庙宇遗址，被称为金迪亚尔（Jandial）庙太阳神庙。从斯尔卡普到这座希腊人神庙遗迹的整个区域被甘宁汉称为巴巴哈那，斜穿过巴巴哈那北边有一条路线，该路线向西通往布色羯罗伐底（现恰萨达）和迦毕试，这条路线可能就是亚历山大大帝进发侵略塔克西拉的路线。

斯尔苏克（Sirsukh）：斯尔苏克位于锡尔开普西北部，是贵霜后期建造的都城（1世纪末—3世纪），以防范来自北方和西方的军事袭击。遗址占地165公顷左右，时间跨度从公元1世纪到公元5世纪中期。城址呈不规则矩形，长约1 400米，宽约1 100米，四周有石砌城墙环绕，棋盘式的城市街区布局和斯尔卡普类似。

塔克西拉城市结构的发展完成了城市发展的历史需要。在这一发展过程中，不管是出于任何突变或特别的原因，为了一部分毁掉或放弃另一部分都是不必要的，所以，从皮尔山丘到斯尔卡普，塔克西拉的发展进程是连续的，初期简陋的发展集中于皮尔山丘和哈提亚尔山上，后来宰堵坡和寺院则不受地形约束，建造于不同的地方，或位于山岭的支脉上，或位于不同的峡谷和容易获取水源的山谷中。

塔克西拉城市的中心，就目前的探索来看，主要包括哈提亚尔西边的小土丘A和萨拉埃卡拉两个姊妹村，它们都有沿河定居的特色，农田沿着山边的斜坡展开。然而只有哈提亚尔成为永久的住所。至大约公元前1000年左右，塔克西拉向塔木拉河两岸扩展。西边的定居点如今仍保留在底比延（Dibbiyan）土丘，但是东面已经扩展到远至哈提亚尔支脉所环绕的峡谷内。到公元前6世纪（即阿契美尼德时代），塔克西拉拥有了最初的堡垒。这一防御性的围墙在哈提亚尔东边较大的山丘B处还可以见到。此处即为卫城的所在，这里以后还继续被占领，直到公元初甚至更晚。这个防御性建筑群是一个特殊地带，而平常百姓的住所则散布在塔木拉河的东西两岸。像这样的地方，一处是塔木拉河西岸的皮尔山丘，另一处围绕着河东岸北边的喀查科特，第三处则是为哈提亚尔支脉所环绕的峡谷或山谷，直达大哈提亚尔山丘B的东端，即约翰·马歇尔爵士所指的宫殿区。其中，只有皮尔山丘得到彻底的发掘，而王宫仅部分被发掘。

在公元前200年—公元300年间，塔克西拉已经和以皮尔山丘为代表的早期大不相同了，已经是一个以有规划的布局为特征的城市了。塔克西拉无疑受到希腊风格城市规划的影响[1]。整座城市为方格网布局，棋盘状的城市平面，居住区有着明显的比较统一的朝向。这些都说明了它已经进化为有市政管理的繁荣的城市。

除了城市遗址，塔克西拉还遍布大大小小的庙宇和佛塔。僧侣们的小屋往往围绕一个方形大水池有规律地分布，另外用于僧众聚会的会堂、厨房、餐厅、仓库、厕所等附属建筑也一应俱全。佛教建筑中比较有名的包括达摩拉吉卡（Dharmarajika，图 2-32、图 2-33）寺庙建筑群和佛塔、尧里安佛教学院建筑群（图 2-34、图 2-35），以及莫拉木拉杜（Mohra Muradu）[2]的僧院（图 2-36），

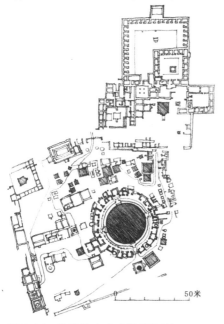

图 2-32　达摩拉吉卡寺院平面图　　　　图 2-33　达摩拉卡吉遗址

图 2-34　尧里安佛学院全景

---

1 A.Ghosh 评论道："无论是起源还是概念上，塔克西拉都不能作为印度城市的代表，它受外来文化影响太大。"

2 莫拉木拉杜是塔克西拉遗址附近的一个佛教寺庙和佛塔建筑群，位于山谷中，属于贵霜时代。

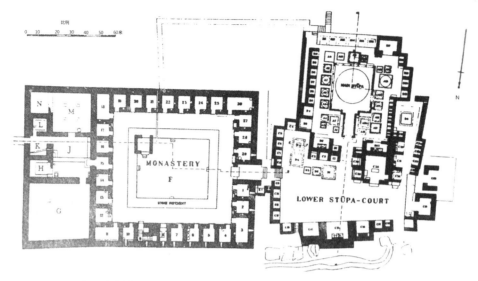

图 2-35　尧里安佛学院遗址平面图

另外还有玄奘居室遗址，但如今只剩下一个石砌讲经台。

　　塔克西拉出土文物以反映希腊风格和佛教艺术者最为著名。除了希腊风格的钱币（图 2-37）和石刻，最引人注目的是犍陀罗王朝时期的石雕和泥塑佛像，出土数量惊人，有着独特的犍陀罗艺术风格。这种雕塑风格在当时影响范围很广，让塔克西拉成为闻名世界的佛教雕塑艺术中心。

2. 白沙瓦与恰萨达

（1）白沙瓦（Peshawa）

　　白沙瓦是巴基斯坦西北边境开伯尔省最大的城市，位于西北部喀布尔河支流巴拉河西岸。作为一个连接阿富汗、南亚、中亚和中东的重要城市，古白沙瓦已经成为非常繁荣的贸易城市了。

　　《吠陀经》中最早将白沙瓦地区称为布色羯逻伐底（Pushkalavati），即现在的恰萨达。后来，在有记载的历史中，又称它为布路沙布逻（Purushapura）[1]。现在的白沙瓦就是因此而来。《梨俱吠陀》中记载，雅利安人从此地区往东进入印度，从由喀布尔河、库伦河（Khurran River）、哥穆尔河（Gomal River）[2]和斯瓦特河（Swat

---

1 布路沙布逻在梵文中的意思是"男人的城市"，又有一种说法是百花之城。
2 哥穆尔河河流流经阿富汗和巴基斯坦。

图 2-36 莫拉木拉杜建筑群　　图 2-37 塔克西拉出土的希腊硬币

River）[1] 灌溉的肥沃土地而来。文中还记载，"有些人往东，但有些人留在了西方的故乡"，中间有个犍陀罗部落，后来成为西北边境省的古名[2]。

　　大夏王国曾在公元前 170—公元前 159 年统治着白沙瓦，在公元元年的时候，白沙瓦就已经有了 12 万人口，成为当时的世界第七大城市。后来，这座城市又被帕提亚人所统治。公元 2 世纪，贵霜王朝的伽腻色伽王曾在此建都，白沙瓦成为佛教文化的中心之一。正是在公元 127 年，贵霜王朝极盛时期的国王伽腻色伽一世把都城从布色羯逻伐底迁到布路沙布逻（现在的白沙瓦）。贵霜王朝国王支持佛教的发展，并且也不排斥领域内其他宗教，如印度教和耆那教，但是只有佛教被颁布为官方信仰。在这种背景下，白沙瓦成为当时的佛教学习、交流和艺术中心。

1 斯瓦特河位于巴基斯坦西北边境省境内。
2 [英]迈克尔·伍德.印度的故事[M].廖素珊，译.浙江：浙江大学出版，2012.

伽腻色伽王曾在城门外建造了号称当时世界第一高度的伽腻色伽佛塔，佛塔中供奉着佛舍利（图2-38）。

4世纪法显来此游历时称赞此地区没有任何建筑能与此佛塔媲美。此佛塔遭遇雷击毁坏后又修复，到634年玄奘访问时还在，但已是多次修复甚至重建之后的建筑了。玄奘描述该塔非常雄伟，窣堵坡："基趾所峙，周一里半。层基五级，高有一百五十尺，复于其上更起二十五层金铜相轮，即以如来舍利一斛而置其中，式修供养。……大窣堵坡左右，小窣堵坡鱼鳞数百"[1]。塔的西面是

图2-38　大佛塔下出土的佛舍利盒

一个大的寺院，还有些小舍利塔和寺庙。在玄奘时代，塔的北面有一棵高大的菩提树，据说树苗来自于菩提伽耶的那棵菩提树。玄奘在《大唐西域记》中称这里是"花果繁茂"的天府之国。从12世纪起，伊斯兰文化逐渐代替了佛教文化。在莫卧儿王朝统治白沙瓦经济和文化的繁荣又达到一个顶峰。

现在的白沙瓦城区分为新、旧两部分，现存古建筑多为伊斯兰时期建造。

（2）恰萨达（Charsadda）

恰萨达位于开伯尔省，离省会白沙瓦26公里。恰萨达城的古代名字是布色羯逻伐底（Pushkalavati），据说是由布哈拉塔（Bharata）的儿子帕斯卡拉（Pushkara）建立的。印度古代语言学家波你尼（Panini）公元前4世纪曾生活在这一带，他对梵语的语言特色进行了分析，撰写《波你尼经书》，成为两千多年来梵语使用的标准和学习的根基。恰萨达即四条路的意思，也称"莲花城市"。这里曾经是

1　（唐）玄奘，辩机，原著.大唐西域记校注[M].季羡林，等校注.北京：中华书局，1985.

古代商业贸易中心，玄奘称此为"布色羯逻伐底"。这个地方的人类活动历史最早可以上溯到公元前 1400 年，考古发掘出当时的一些陶瓷碎片和土坑。接下来的历史中，开始出现了一些永久性构筑物，包括一些石砌筑的井。再晚一些，许多外来入侵者占领过这座城市，其中包括波斯人、亚历山大的希腊帝国、孔雀王国、大夏王国、西塞亚人、帕提亚人、贵霜人、匈奴人、土耳其人、笈多王朝等。公元前 5 世纪的印度西北部有一部分并入了阿契美尼德帝国的版图时，当地的居民开始发展制铁业和制陶业。后来这座城市又被亚历山大攻下。据说城里的人们反抗亚历山大的入侵，起义被平息后，城里建起了一个马其顿要塞。

恰萨达的城市遗址位于巴拉希萨山（Bala Hisar）山头，占地 4 平方公里，考古发掘出了公元前 600 年的居住区。又挖掘了公元前 4 世纪的护城河，河边建造了泥土城墙。这座城市在公元前 6 世纪到公元前 2 世纪之间一直是犍陀罗王国的首都。城市平面呈矩形，街道平行分布，住房围绕中央一个可能是大佛塔的巨大建筑布置。考古发掘显示从公元前 3 世纪中叶到公元前 2 世纪中叶，这里一直有人居住。城市的设施有排水沟、垃圾坑、污水池和宽阔的街道等。早期房屋的墙壁是由石块砌筑的，砌筑方式是在大石块之间的缝隙中填补薄石头片。到了贵霜时代，房屋就用土坯砖砌筑了。出土的建筑有的房屋中央有火坑，有的是三面房屋围绕院子布局，院子里有洗浴区，石头的排水沟将废水排到主要街道两侧的排水沟中；有的房子经过几次翻新，最后一次翻新还在屋子里做了一个圣龛，放置了一尊佛像，这说明佛教已经渗透进人民的日常生活中。

5 世纪时，法显至此，据传该城乃阿育王之子法益所治理之处。"佛为菩萨时，亦于此国以眼施人，其处亦起大塔，校饰金银，此国人民多学小乘学"[1]。其后，唐朝玄奘西游之时，都城已迁至布路沙布逻，即法显所述的弗楼沙国，人烟稀少，宫城一角仅千余户人家。而故都布色羯逻伐底城"居人殷盛，阎阎洞连。城西门外有一天祠，天像威严，灵异相继。城东有窣堵坡，无忧王之所建也，即过去四佛说法之处"。

这一地区是东西方文化交汇之地。犍陀罗风格佛教文化，从某种程度上说，对于中国佛教文化发展意义重大。

---

1 （唐）玄奘，辩机，原著．大唐西域记校注 [M]．季羡林，等校注．北京：中华书局，1985.

小结

本章主要介绍了印度第二次城市文明——北印度城市发展中最重要的一条线索：佛教城市的发展兴衰。由于佛教圣城的繁荣往往跟佛陀的生平重大事迹有关，所以像华氏城、吠舍离、王舍城等城市在宗教的强大影响下繁荣起来。但也并不是所有与佛陀生平有关的地点在本章中都被提及，如蓝毗尼、迦毗罗卫城、拘尸那伽以及菩提迦叶和那烂陀、鹿野苑等。虽然它们在佛陀时代虽然发生过一些佛教史上重大的事件，且建有非常重要的佛教建筑，但并不能称其为城市（只能称为佛教遗址）。因为这些地点的常住人口规模与规划建设并没有较为明显的城市特征，所以未被提及。但是这些同样受到佛教强烈影响的城市，也有着其他重要的功能与身份，诸如华氏城，作为强大的王朝首都而繁荣昌盛，诸如塔克西拉、恰萨达、考姆夏比等城市，处于贸易路线上的商业与贸易中心也欣欣向荣。

随着印度进入奴隶制社会，在各个国家强大的政权下建设起来的城市，其规划建设比印度河流域自发形成的史前城市更为宏伟。城墙的军事防御功能更加突出，也加强了对城内居民的管理，城墙普遍使用火烧砖和石砌，外有宽阔的壕沟，城墙上有门楼、瞭望台等。城内建筑面貌最大的改变是宗教建筑大量增加。随着佛教的发展，与佛陀生平相关的各城市兴建寺院、僧舍、佛塔、精舍等，且多以建筑群的形式呈现。朝圣者与信徒数量增加，城市人口也不断增长，与之相适应的除了居住区面积的扩大，还有城内出现了专门的贸易市场，城内外还有驿站、码头等商业交易空间。但对于佛教城市来说，精神空间占据了非常重要的地位，甚至成为关系着城市发展的命脉。

随着强盛的摩揭陀国的灭亡，佛教也渐渐衰弱直至消亡，一些曾经重要的城市没落了，但是由于经济、贸易发展的需求，印度的城市发展并没有因此而停下脚步，更没有像哈拉帕文明一样消失殆尽，而是由恒河流域向四面八方扩张开来，大大小小的城市在其他地区出现了。这一时期印度与佛教有关的主要城市概况如表2-1所示。

表 2-1　古印度佛教城市

城市名称	地理位置	时间跨度	现存佛教遗迹	城市特征
华氏城（波吒厘子, Patliputra）	北方邦	600BC—600AD	华氏城宫殿柱厅	都城，长期地区行政中心；有王城，内外城；高大城墙，有壕沟，多处城楼、城门
瓦拉纳西（贝拿勒斯, Varanasi）	北方邦	800BC 至今	附近鹿野苑的佛塔、雕刻、阿育王柱	东临恒河，地区学术、教育中心，商贸城市，丝绸之路重要节点
舍卫城（Sravasti）	北方邦	600BC—1200AD	寺院、窣堵坡、佛塔、精舍	都城，商道汇合之地；有城墙，有王城，内外城结构
吠舍离（Vaishali）	北方邦	600BC—500AD	阿育王柱、窣堵坡、水池、佛塔、寺庙	都城，临河，占地 1 185 000 平方英尺
王舍城（Rajgir）	北方邦	500BC—500AD	佛塔、法堂、讲坛、石窟	贸易终端站；天然山头环绕，老城与新城各有城墙
考夏姆比（Kaushambi）	北方邦	600BC—200BC	阿育王柱	都城，南面临河，贸易中心；占地50公顷，城墙周长6.5公里
马图拉（Mathura）	北方邦	400BC 至今	雕刻	都城，犍陀罗文化艺术中心、贸易中心；东南临河，三面城墙，半月形城区，遗址占地300公顷
塔克西拉（Taxila）	巴基斯坦旁遮普省	600BC—500AD	寺院、窣堵坡	都城，犍陀罗文化艺术教育中心、商业中心，丝绸之路重要节点
白沙瓦（Peshawa）	巴基斯坦开伯尔省	100BC 至今	迦腻色迦佛塔、寺院	都城，文化艺术、教育中心，中亚与南亚的贸易通廊
怡萨达（Charsadda）	巴基斯坦开伯尔省	600BC—700AD	无	都城，商贸中心，丝绸之路重要节点，遗址占地4平方公里，有护城河，夯土城墙，城内有完善的排水系统

第三章　印度佛教建筑的类型与特色

第一节　精舍与毗诃罗

随着印度佛教的兴起和发展，与之相对应的佛教建筑也应运而生。

原始佛教初期，佛教僧侣是没有固定居所的。佛陀释迦牟尼在创立佛教之前是苦行的沙门身份，过着居无定所的日子，进行着他的修行生涯。那个时候，沙门主张苦行，沙门弟子的修行方式就是放下世俗的一切，在山林中或其他任何地方静心思考、领悟，寻求解脱之道，"饿其体肤、空乏其身"就是沙门弟子的真实写照。佛陀起初作为沙门弟子也没有住所，当他苦行无果决定放弃沙门弟子的修行之路后，最终在一棵菩提树下参悟生死、求得解脱之道，此时，佛陀释迦牟尼得到的是佛教立教的宗教思想理论基础。此时，他还没有固定居所，因而还没有专属于佛教的建筑形式。

佛陀释迦牟尼在鹿野苑第一次讲法标志着佛教正式成立。这次讲法传道是在一棵菩提树下完成的（图3-1），在这里，佛陀接受五比丘入教，组成小型僧团，开始了漫长的佛教传播之路。佛陀带领小型僧团一路讲法传道，白天露天弘扬佛法，晚上则休憩于林中树下或山洞或路边无人居住的茅草房，居住和讲法还没有特定的建筑形式，更谈不上寺庙。之后释迦牟尼到王舍城灵鹫山修行布道，佛教的影响力不断扩大，得到了统治者的大力支持。

佛法是佛陀参悟的解脱之道，是他智慧的结晶。佛法得到了统治者的肯定与支持，于是便有了为佛陀修建的精舍，即统治者或其他贵族为了聆听佛法真理，修建给佛陀生活起居和讲法布道之用的临时屋舍。

精舍不是为佛教而建的，而是在佛教创立之前就存在的。"初，此城

图3-1　佛陀讲法

中有大长者迦兰陀，时称豪贵，以大竹园施诸外道。及见如来，闻法净信，追惜竹园居彼异众，今天人师无以馆舍……斥逐外道而告之曰：‘长者迦兰陀当以竹园起佛精舍’……”[1]这段是关于“竹林精舍”的叙述，讲的是有一长者本来以竹园供养外道（佛教对其他宗教的统称）之人，后改信佛教，便驱逐外道而请佛陀入内居住讲法。可见，精舍是历来就有的建筑形式。

　　竹林精舍是佛教史上公认的第一座佛教专属建筑，据玄奘所载是迦兰陀所建。还有一种说法，随着佛教影响力的不断扩大，有次佛陀释迦牟尼带着弟子到摩揭陀国弘扬佛法，当时摩揭陀国的国王频婆娑罗王恭迎佛陀，还皈依了佛门。出于对佛陀的敬仰，频婆娑罗王请佛陀讲解佛法，并为佛陀及其弟子提供居住、讲法之所，特意在王舍城的迦兰陀竹林中，修建了竹林精舍。

　　且不说竹林精舍是怎么建立、由谁修建的，竹林精舍的修建在佛教的发展起步中起到了不可磨灭的作用。竹林精舍的修建表明了统治者的态度，引来了更多人的关注，吸引了很多贵族和平民前来听法受道，壮大了佛教僧团的队伍。之后还陆续有各国王族和有钱人为佛陀修建的“祇园精舍（图3-2）”、“瞿师罗园精舍”、“那摩提叶精舍”等，无论是“竹林精舍”还是后来其他精舍，都没能留住佛陀

图 3-2　祇园精舍遗址

1　（唐）玄奘，季羡林等校注 . 大唐西域记校注 [M]. 北京：中华书局出版社，2000.

四处布道讲法的脚步，而只是作为佛教初期佛陀及其弟子度过"雨安居"的临时居所。

　　印度是个雨量充沛的国度，每年雨季从6月持续到8月，在这三个月内，佛陀就带领他的弟子在精舍中过着简单的僧侣生活。比丘们每天除了听佛陀释迦牟尼讲法外，就是参悟修行。这三个月通常被称为"雨安居"。过了雨安居，佛陀就再次带着弟子四处讲法，弘扬教义，发展佛教。所以，从严格的意义上说，这些精舍仅是临时居所，大部分的时间都是佛陀带着弟子过着居无定所的日子。至佛陀释迦牟尼涅槃，僧侣们都是过着这样的日子，佛陀穷其一生四处漂泊，弘扬佛法，为佛教的发展打下了良好的群众基础。

　　随着佛教影响力的扩大，佛教弟子增多，佛陀带领的僧团队伍不断壮大，因此，僧侣的居住问题逐渐突出，毗诃罗应需求而生。

　　佛教修炼的基本内容包括两个方面：一是听讲佛法，二是个人的独自体悟[1]。相对应这两个修炼内容，印度佛教建筑有两种基本空间单元：第一就是讲堂或叫法堂；第二就是佛教弟子的个人参佛修行之所，其典型建筑形式就称为"毗诃罗"。佛教律藏中常提到"毗诃罗"，梵文"Vihara"的音译，是一种供单个僧人修行起居的小型建筑。据佛经中记载，王舍城有一位商人在一天内就建造了六十处毗诃罗赠送给比丘们。由此可见，毗诃罗的规模真的很小。毗诃罗不仅是僧人起居之所，也是他们坐禅修炼的地方。

　　毗诃罗为僧徒们参习佛法、领悟禅真提供了一个与世隔绝的小环境，也为每一位僧徒提供了一个栖息之所，有学者就认为"毗诃罗"即"精舍"，指僧房[2]。这种理解是可以接受的，至少他们的功能是类似的。但是从佛典中的记载我们可以看出，贵族们捐赠的通常被称为"精舍"，而不是"毗诃罗"，可见，毗诃罗和精舍还是有区别的，是两个不同的概念。

　　毗诃罗的形式很像一顶帐篷，其建造材料多为竹木、草、树叶等天然材料，竹木作为结构材料，草、树叶则成为维护结构，这种临时居所仅能遮风避雨。其形式来源应该与古代印度居民的住所有着密切的联系，这可以从今天印度贫困地区的居民住所形式（图3-3、图3-4）推断出。印度地区目前仍保留着这种竹草

---

1 王贵祥.东西方的建筑空间[M].天津：百花文艺出版社，2006.

2 王亚宏.印度的宗教建筑[J].亚非纵横，2002（4）：41

图 3-3　当地民居（一）

图 3-4　当地民居（二）

制的民居形式，这种居所建造周期短，材料来源丰富，建造费用低，具有一定的遮风避雨的作用，适合印度贫民地区大面积使用。从这些民居的形式特征，我们可以推测，早期佛教弟子所使用的毗诃罗形式便是来源于生活，类似于图中的圆屋形式。但是，这种民居有着稳定性差、强度低、保温性能差、易燃、使用周期短等诸多缺点，这也就意味着毗诃罗不可能被作为固定居所长期使用。

从居无定所到精舍和毗诃罗的应用，是佛教发展的表现，也为日后佛教建筑类型的产生和发展提供参考；同时，精舍和毗诃罗的出现是对佛教建筑需求的体现，催动着佛教建筑的产生和发展。

第二节　窣堵坡

1. 印度窣堵坡的产生

佛教创立之时，没有固定的宗教建筑形式。由于原始佛教教义要求僧侣不占有任何的财产，包括住所，因此我们可以说，佛教没有修建宗教建筑的资本。

精舍和毗诃罗也只是暂居之所，且这两种建筑形式在佛教创立之前就已存在，所以，并不是佛教所特有的建筑形式，更不能代表佛教建筑。最早的佛教建筑类型应该是窣堵坡（图 3-5）。

佛陀释迦牟尼在拘尸那迦涅槃之后，佛祖的遗体被火化，这是众比丘按佛陀

图 3-5　窣堵坡

生前所言"应为焚烧"[1]的做法，火化后得到的舍利有"八斛四斗"[2]。由于佛祖涅槃时，佛教已经具有了很大的影响力，很多国家都信奉佛教，所以，为了得到佛陀释迦牟尼的舍利，拘尸那迦附近八国的国王纷纷举兵前来分舍利[3]。对于佛舍利的分法还有另一种说法，佛舍利其实是分了九份，第九份是被推举出来分舍利的德罗纳藏起来了。据印度流传的说法，德罗纳修建了一个名叫德罗纳的佛塔来存放得到的佛舍利，该塔就位于今天印度的北方邦西湾区，佛陀舍利还存放其内[4]。八国的国王得到舍利之后纷纷回国修建佛塔，将佛舍利供奉起来（图 3-6）。

　　佛塔和窣堵坡的英文都是"stupa"，玄奘在《大唐西域记》中就把佛塔翻译为"窣堵坡"。今天我们习惯把覆钵状的塔称为"窣堵坡"，如桑契大窣堵坡；把尖顶的佛塔称为"塔"，如菩提伽耶的摩诃菩提大塔。但也不尽如此，也有人把桑契

1　（唐）义净译.根本说一切有部毗奈耶杂事 [M].大正藏第二十三册.

2　（北宋）宗鉴.释门正统 [M].

3　（唐）玄奘，季羡林等校注.大唐西域记校注 [M].北京：中华书局，2000.

4　孙玉玺.圣地寻佛（下）[J].世界知识，2006（13）：54.

的窣堵坡称为"桑契大塔"。

窣堵坡的产生是应当时的佛教需求而出现的。

古时候印度有三种或四种葬法，不同的典籍里有不同的说法。三种葬法分为：火葬、水葬、野葬。四种葬法则分为：火葬、水葬、土葬和林葬。应佛陀释迦牟尼的要求，佛教弟子为其举行了火葬，火葬后

图 3-6　窣堵坡内部结构

就留下了佛舍利。佛陀在世时，本就不主张偶像崇拜，以至于佛陀涅槃后的一段时期内，都没有佛像的雕刻艺术，而是用法轮、莲花等图案象征佛陀。把佛陀释迦牟尼要求火葬这一点与他反对偶像崇拜的思想结合起来，可以大胆猜测，他的本意是涅槃之后不留下遗体，随风而逝，这可能是他对一直寻求的解脱之道的一种理解。火化之后留下了佛舍利，佛教弟子在失去佛陀后将对他的思念和崇拜转变为对佛舍利的珍视，将其定义为神圣的存在。

为了能将佛舍利供奉起来，佛教弟子特意修建了窣堵坡。平民土葬而得"坟"，为了表示对佛陀尊敬，突出他的独一无二，则称埋佛舍利的坟为"塔"。这时，"塔"便代表释迦牟尼成为佛教特有的建筑形式，也是最早的佛教建筑类型。再从早期窣堵坡的覆钵形式来看，这样解释窣堵坡的产生更贴合事物产生的一般规律，而不是凭空出现、无中生有。

窣堵坡作为埋葬佛舍利的特殊建筑，作为最早出现的佛教建筑类型，对佛教徒来说具有特殊的意义，对于佛教来说，更具有重要的历史意义。

对佛教徒来说，自佛陀涅槃以后，窣堵坡在一定的时期内就代表着佛陀的存在，是他们的精神寄托和崇拜对象，窣堵坡被认为有着佛陀的圣洁光辉，吸引着狂热的佛教徒聚集在窣堵坡周围进行个人修行，提高个人领悟。这种"聚集效应"为之后佛寺的产生作铺垫，成为佛寺产生的诱导因素。

对佛教来说，佛教创立者释迦牟尼这一佛教的精神支柱和根本原则性存在的涅槃入灭，使得佛教一下子失去了中心和依靠，也失去了判断与衡量价值的准则，这直接导致了之后佛教徒第二次集结大会上出现的"根本分裂"。窣堵坡作为世上佛陀的代表，使分裂的各部派佛教弟子能摒弃部派间的差异与不和，多次集结

以重述和验证、比对佛教经典。佛史上共完成六次集结，最后一次是 1954 年在缅甸仰光举行的，每次集结都如第一次那般严谨神圣[1]。

随着佛教的发展，窣堵坡的建筑形制也不断发生着变化，这种建筑形式被广泛应用，而不是局限于埋葬佛陀舍利骨，更是成为僧侣们入灭后的最终归宿。

窣堵坡的出现代表着佛教有了专属的宗教建筑类型，也深深地影响着寺庙和石窟的建筑形式。在之后长达七八个世纪的时间里，窣堵坡被作为佛教的象征大量建造，尤其是在阿育王时期。阿育王为了扩大佛教的影响力，除了将佛教立为国教以外，还修建了八万四千座佛塔来供奉分成八万四千份的佛舍利。

2. 印度窣堵坡的发展演变

在很多佛经中对窣堵坡的形式都有过相关记录，律部《根本说一切有部毗奈耶杂事》中有这样的一段记载："我今欲于显敝之处以尊者（指舍利弗）骨起窣堵坡，得使众人随情供养。佛言长者随意当作。长者便念，云何而作。佛言应可用砖两重作基，次安塔身，上安覆钵，随意高下上置平头，高一二尺方二三尺，准量大小中竖轮竿次着相轮，其相轮重数，或一二三四乃至十三，次安宝瓶。长者自念，唯舍利子得作如此窣堵坡耶。为余亦得，即往白佛。佛告长者若为如来造窣堵坡者，应可如前具足而作；若为独觉勿安宝瓶，若阿罗汉相轮四重，不还至三，一来应二，预流应一，凡夫善人但可平头无有轮盖。"[2] 在《大唐西域记》卷一"缚喝国"的提谓城及波利城中有这样的描述："如来以僧伽胝，方叠布下，次郁多罗僧，次僧却崎，又覆钵竖锡杖如是次第为窣堵坡……斯则释迦法中最初窣堵坡也。"[3]

从以上记载中可以得到这样两个信息：第一，窣堵坡由下至上依次是基座、覆钵塔身、平头、相轮、宝瓶；第二，除了为佛陀释迦牟尼建造窣堵坡来供奉舍利外，还可以为除了佛陀以外的其他人建窣堵坡，只是根据主人的身份不同，窣堵坡的规格形式也有所变化，依次由上至下而简化。

这里所记载的应该是窣堵坡已经发展到了一定的程度具有了比较成熟的基本形制。这种形制是怎么发展而来的，它的原始雏形又是什么呢？

---

1 柯美淮.简介佛教历史上的六次集结 [EB/OL].http://blog.sina.com.cn/s/blog_68f6d4a101017bwt.html, 2012,11,28.

2 （唐）义净译.根本说一切有部毗奈耶杂事[M].大正藏第二十三册.

3 （唐）玄奘，季羡林等校注.大唐西域记校注 [M].北京：中华书局，2000.

在《大唐西域记》卷二的"卑钵罗树及迦腻色迦王大窣堵波"一节中有这样一段记述："释迦如来于此树下南面而坐，告阿难曰：'我去世后，当四百年，有王命世，号迦腻色迦，此南不远起窣堵波，吾身所有骨肉舍利，多集此中。'"这段释迦牟尼所说的话虽然是传说，但是从内容上来看，可以获得一个很简单的信息：窣堵坡的原始雏形应该就是坟。

图 3-7　坟包立面示意图

再从客观上来说，一种事物的产生都是建立在现有的基本存在之上的。窣堵坡作为供奉佛陀释迦牟尼的建筑物，它的最原始形态应该不会脱离古印度时期的民居或坟包的形象，

图 3-8　拘尸那迦火葬塔

所以，我们可以推测，第一个窣堵坡的形象应该就是坟包（图 3-7），这一点可以从拘尸那迦所遗留下来的佛塔（图 3-8）的形象得到一定的验证。

窣堵坡最开始的形态很纯粹、很宏伟，造型简单大方，几乎无任何装饰（也有可能是在悠长的历史中被风化），而后来的桑契大塔，则形制严谨，具有超高的艺术成就。从简单的造型到繁复的桑契大塔，这一过程是如何演变的呢？

从很多资料上可以看出，在佛教创立以前，印度就有了原始树崇拜的观念。这也可以联系佛陀释迦牟尼与菩提树的渊源猜测一二，例如佛陀在菩提树下出生，在菩提树下悟道，在菩提树下涅槃等。当佛陀涅槃之后，菩提树也被当做佛陀的替身接受人们的崇拜与供奉。从一些古代印度的雕刻中可以看到，在象征佛陀的菩提树的四周，常常会有石栏环绕，每到佛诞日还要围绕菩提树举行隆重的仪式。这种仪式日益隆重化，因此，围绕着菩提树的石栏也逐渐发展成有着一定形式的建筑体，菩提树被包围其中，仅露出一部分树冠[1]。

1　王贵祥. 东西方的建筑空间 [M]. 天津：百花文艺出版社，2006.

　　一般情况下，菩提树的树龄大约为两百年，由于石屋的遮护，加之举行仪式的过程中过量浇水，使得菩提树很可能会提前夭折。起初，人们可能曾重新种植新的菩提树苗以补救，但在石屋中，树苗很难存活，所以便干脆以石屋取代菩提树作为对佛陀的崇拜对象。在以石屋取代菩提树的过程中，人们为了能保留曾经的树崇拜形式，便在石屋的顶部以石头雕成菩提树冠的形式作为装饰。这样就形成了石屋与菩提树的组合形式（图3-9）。

　　我们可以猜测到：窣堵坡从拘尸那迦的简易覆钵式佛塔到后期桑契大塔的形式演变过程中，古代印度的原始树崇拜观念起到了很大的影响作用。随着当时社会崇拜者的增多，窣堵坡的发展由小到大、由单一到复杂、由简单到繁缛[1]，其形式逐渐复杂化和形象化的过程中，象征佛陀的菩提树的形象也被加入其中，最后成为具有一定形制、规格的建筑形式。

图3-9　印度早期浮雕中的菩提树

1　菩提老先生.窣堵坡发髻——《传世菩萨铜像》鉴赏[EB/OL].http://hi.baidu.com/pusalxs/item/d33f4f8bebcad55ce73d19d2

这种猜测可以从桑契大塔栏杆门上的浮雕（图3-10）看出端倪。仔细观察桑契大塔的顶端，有一个方形平面的石栏，石栏中央是一根带有三层圆形伞状结构的立柱，这种形象很像前面提到的被石栏包围的菩提树。撇开这个小细节，桑契大塔与其四周的石栏从整体上看也有这种树崇拜的影子。

综上所述，窣堵坡的发展演变过程是由人们对佛陀释迦牟尼的崇拜主导的。佛陀涅槃之后，人们首先是将对佛陀的崇拜转为对菩提树和供奉佛舍利的窣堵坡的崇拜（图3-11），其后对菩提树的崇拜逐渐演变成对围绕菩提树的石屋的崇拜，而这种石屋与窣堵坡结合，组成了后来的成熟的窣堵坡形式。

由此可见，窣堵坡不仅仅是单纯的坟包，还有着深刻的文化内涵，包含着人们对事物

图3-10 桑契大塔栏杆门浮雕《带菩提树冠的窣堵坡》摹品

图3-11 印度原始窣堵坡形式（有菩提树的影子）

的认识与理解。因此，这样的窣堵坡才能成为第一种佛教建筑类型。

窣堵坡在长期的发展过程中，其形制日趋成熟。又由于古代印度宗教林立，各宗教之间相互影响，宗教理论也有所穿插和借鉴，印度教产生之后，甚至将佛教创始人释迦牟尼奉为他们的神。在各种因素的影响下，窣堵坡的建筑形态也发生了改变。在贵霜王朝时代流行的以希腊罗马建筑风格为基调的犍陀罗艺术的影响下，人们还兴建过像古希腊、古罗马的神庙建筑那样的、立面上带有壁柱形象的窣堵坡。再看菩提伽耶的摩诃菩提大塔，这种金刚宝座的佛塔形式是在原来窣堵坡的基本形态的基础上，受印度教建筑的影响而产生的。

在佛教传入中国以及其他一些周边地区的时候，佛教建筑也随之传入各国，窣堵坡的形制更是得到了多方位的发展和演变。例如缅甸蒲甘的窣堵坡，其坚硬胶泥的外表被磨光，表面罩上了一层金光闪闪的金箔；而尼泊尔加德满都河谷的斯瓦雅哈纳，窣堵坡则增加了当地的特色，原来的覆钵体被改为方形，四面庙墙上则装饰着表征佛陀注视一切的慧眼；此外，还有像中国的应县木塔那样的中国式佛塔、缅甸的大金塔和泰国的锥形塔等[1]。佛塔的建筑形式不断发展和演变，被赋予的宗教含义也越来越丰富与繁复（图 3-12）。

3. 窣堵坡的代表——桑契大塔

桑契大塔（图 3-13 ~ 图 3-17）是目前为止保留最完整的古代印度佛教窣堵

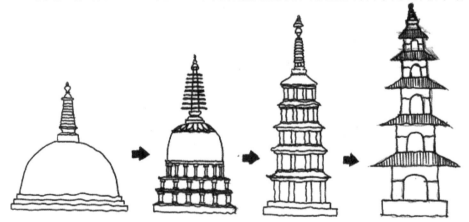

图 3-12　窣堵坡到中国塔的演变

---

1 肖瑶.世界古代建筑全集 [M].北京：西苑出版社，2010.

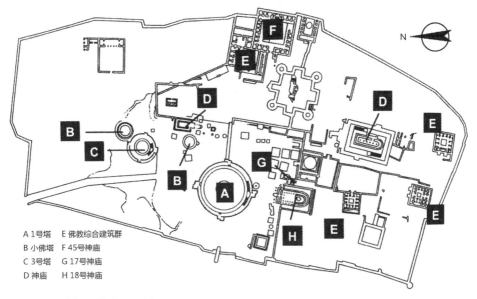

A 1号塔　　E 佛教综合建筑群
B 小佛塔　　F 45号神庙
C 3号塔　　G 17号神庙
D 神庙　　　H 18号神庙

图 3-13　桑契大塔总平面图

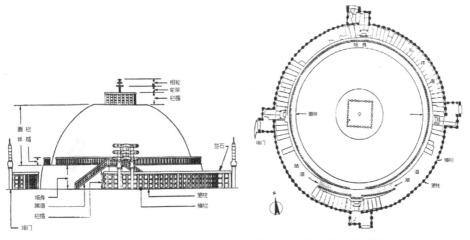

图 3-14　桑契大塔立面图　　　　　　图 3-15　桑契大塔平面图

坡之一，是世界著名的佛教圣地，20世纪末被收录到《世界文化遗产名录》，为桑契遗址园内的1号塔。

　　桑契大塔位于现在印度的中央邦，始建于阿育王时期。当时，阿育王为了大力宣传佛教，扩大佛教影响，特地将佛陀释迦牟尼涅槃之际留下来的八份佛舍利从原来的窣堵坡内取出，并重新细分成八万四千份，同时修建窣堵坡，将这些佛

图 3-16　桑契大塔全貌　　　　　　　图 3-17　桑契大塔平头及以上部分

舍利置于其内供奉起来，以影响更多的人。桑契大塔就是其中一座窣堵坡，但是现在我们所看到的已经不是原来的简朴形式了，而是在长期发展中不断修缮形成现在的严谨、精美的成熟形制。如今桑契大塔所在的遗迹园内共存在有四座窣堵坡，桑契大塔就是其中的 1 号窣堵坡。

桑契大塔整体造型完整统一、浑然天成，散发出佛教庄严、静谧的神圣之感。整座建筑从平面上看主要分为围栏、塔主体两大部分；塔主体由上至下分为基座、覆钵塔身、平头、相轮以及支撑相轮的竿五部分。

围栏是围绕塔主体修建的一圈石柱，围栏的四个方位上各有一个门，在印度称这种类似于中国牌坊的门为"陀兰那"。围栏与塔主体之间留有一条较为宽敞的通道（图 3-18），可容纳两到三个人并排行走，这种通道可满足佛教中的绕塔仪式[1]所用，通常称之为"礼拜道"。

塔主体是半球形的砖石建筑，直径有 37 米左右，高不到 17 米。从多方资料以及印度其他地区的遗迹来看，结合之前对窣堵坡的发展的研究，我们可以猜测桑契大塔在阿育王时期是以土为主要修建材料的，之后历朝历代的发展中用砖石加以修饰，其后随着佛教中雕刻艺术的发展，桑契大塔也被加以各种题材的精美雕刻（图 3-19~ 图 3-21），最终成就了如今的窣堵坡之经典。

塔主体的基座部分以石筑成，正面带有双向阶梯，拾级而上就是基座之上的

---

1 绕塔仪式：佛教礼仪之一，从古印度时期开始流传至今，后传到中国。通常是按顺时针方向绕塔行走，代表顺从的意思，如果从右往左则是反对的意思。佛教中通过这种仪式表达对佛祖的崇拜敬仰之情，也有消除业障、获得福报等意思。

图 3-18　桑契大塔的礼拜道

图 3-19　桑契大塔精美雕刻（一）

图 3-20　桑契大塔精美雕刻（二）

图 3-21　桑契大塔精美雕刻（三）

平台，中心部位有覆钵状塔身置于其上，围绕塔身则是一圈带栏杆的狭小通道，传说是公元前的一个名叫斯特哈恩斯的人设计的。此通道虽尺寸很小，仅能容纳一个成年人正常行走，但这种亲密的小尺度空间给漫步其内的人一种宜人的空间感受，既能一边欣赏精美的佛本生雕刻艺术，又能体验佛教的静谧与神圣，使人得到内心片刻的平静。古代印度的空间艺术与建筑艺术的完美结合，成就了这一经典。覆钵状的塔身内放着这座窣堵坡的精华——舍利壶，壶内便是佛陀释迦牟尼的舍利骨。覆钵塔身顶上就是用石栏杆围成的方形空间，也就是塔主体的平头部分。石围栏的中心部位伫立着一根石杆，石杆上端连续布置着三层相轮，石杆与相轮的组合很像伞的形式，所以也有人将石杆与相轮合称为"伞"，并将石杆称为"伞柱"，将相轮称为"伞盖"。在前面对窣堵坡的发展演变的论述中就提到这部分的内容，所以这里的"伞"其实就是菩提树的简化结果，是菩提树崇拜的象征性构筑物。

桑契大塔遗址园内除了四座窣堵坡外，还有很多其他遗迹，是古代印度重要的宗教基地。桑契大塔的建筑与艺术成就至今影响着世界佛教建筑与文化，是印度佛教建筑的里程碑，对今天印度佛教的再次发展与传播有着重要的意义。

4. 陀兰那艺术

之前提到桑契大塔主体外的一圈围栏的四个方位各有一个类似于中国牌坊（图3-22）的门，印度人称之为"陀兰那"（图3-23）。"陀兰那艺术"（图3-24）就是在千年的历史发展中如中国形式的牌坊上所呈现出来的雕刻艺术。这四座陀兰那由砂石筑成，在历史长河中不但没有损毁殆尽，反而因风吹雨打而尽显历史的沧桑与沉淀。

印度的陀兰那其实不仅像中国的牌坊，更像是日本的鸟居（图3-25）。陀兰那裸露在外的砂石被刻满了各种图案，这些图案大多是以佛祖的故事为蓝本。佛陀释迦牟尼在世时，佛教中反对偶像崇拜，包括原始佛教时期和之后的很长一段时间内，都没有佛像这种具象的雕刻艺术，而是以相轮、金刚宝座、菩提树等物来代表佛陀释迦牟尼，桑契大塔的建造时期也正处于佛教反对偶像崇拜的特殊时期，所以陀兰那上的浮雕基本都没有出现佛像的造型。在桑契窣堵坡的建造过程中，有很多外来的工匠参与其中，也正因为这些外来工匠的参与，使得工匠们将自身国家的文化艺术融入到桑契大塔的佛教艺术中，这种古印度本土艺术与波斯、大夏、希腊等国艺术相互融合所形成的雕刻艺术被后人称为"陀兰那艺术"。

图 3-22　中国牌坊

图 3-23　陀兰那

图 3-24 陀兰那艺术   图 3-25 日本鸟居

桑契大塔的陀兰那艺术的精华体现在东陀兰那上，例如其横梁与立柱相交处著名的"树神药叉女"浮雕（图 3-26）。这幅雕像主要有两个主体，一是倚着横梁与立柱相交处生长的一棵芒果树，树上结满了一串串饱满的芒果；另一个则是一个体态丰盈的女子形象，女子一手勾住芒果树干一分枝，另一只手向上抓着芒果树另一较小的枝丫，一脚立于裸露在外的树根上，而另一脚则向后内勾，两脚略呈交叉状，腰像树外侧扭动而头靠向内侧，整体呈 S 形曲线，有斜飞于陀兰那之外之势。这组"树神药叉女"的形象生动、健康、饱满，面部形态清晰，表达一种喜悦之情，被誉为印度标准女性美的雏形和始祖[1]。

5. 婆罗浮屠

印度的窣堵坡有很多种形式，除了以上提到了桑契大塔的覆钵形式、中国塔的楼阁形式，还有菩提伽耶的摩诃菩提大塔的金刚宝座形式，除此以外，还有另一种层层堆砌的金刚宝座形式。在今天的印度已经没有完整的此类窣堵坡形式了，仅见的就是华氏城附近的一个遗址（图 3-27），为了能更好地叙述此类窣堵坡，本文以与之相似的爪哇婆罗浮屠来进行描述。

（1）婆罗浮屠概况

爪哇是佛教传播的东南边陲，公元 1 世纪，印度佛教从马来半岛传入印度尼西亚。在长达一千年的时间里，佛教一直是当地人的主要信仰，所以也发展了很

---

1 肖瑶.世界古代建筑全集 [M].北京：西苑出版社，2010.

图 3-26　树神药叉女雕像　图 3-27　华氏城窣堵坡

多佛教建筑。至 10 世纪以后，印度教也以同样的道路传到了印度尼西亚，代替了佛教成为印度尼西亚的主要宗教信仰。公元 13 世纪时，伊斯兰教以其强大的手段让印度教退居其次。经过这漫长的历史变迁，佛教逐渐淡出了印度尼西亚的历史舞台，曾经遍布各岛屿的佛教建筑也被荒废，掩埋在杂草林里。爪哇的婆罗浮屠更是被掩埋在火山灰里，其上则长出了一片树林。

　　8 世纪下半叶，印度尼西亚的夏连特拉王朝时期还是以佛教为主要的宗教信仰。当时的国王被认为是菩萨的化身，所以，他凭借强大的财力大修佛教建筑，婆罗浮屠（图 3-28）就是其中最为壮观、辉煌的一座佛塔。建造选址时，为了凸显佛塔高大与神圣的形象，将塔建在离日惹仅 30 公里的一座火山脚下的山丘上，塔的名字"婆罗浮屠"的意思就是"山丘上的佛塔"。从婆罗浮屠建造开始，便成为全印度尼西亚的佛教中心而受到西方佛教信徒的景仰与朝拜，在一段时间内空前繁荣，香火鼎盛。

　　（2）婆罗浮屠的建筑形制及其艺术

　　婆罗浮屠的基座呈正方形，其边长为 120 米左右，每边分成五段，从各角向正中逐渐凸出。基座之上有五层方形塔身，由下而上逐层缩小，边缘形成过道。每边中央有石阶直通方形塔身顶上，塔顶又有三层圆形基座，层层收缩，直径分别为 51 米、38 米和 26 米。塔顶中心矗立着主要的大窣堵坡，总高在 42 米左右，因为坍塌破损，现只有 35 米左右。三层圆形基座上各有一圈小窣堵坡（图 3-29），总共有 72 座，都是空心的，小窣堵坡周围壁上有方形的孔，从孔内可以看见和真人大小相近的坐佛，按东、西、南、北、中几个方位做"指地""禅定""施予""无

图 3-28　婆罗浮屠

畏""转法轮"五种手势。由于用了这种镂空的做法，这72座小窣堵坡被称为"爪哇佛篓"[1]。

五层方形塔身的侧壁上，沿过道设置了很多佛龛（图3-30），总共有432个。每个佛龛内都有一尊坐在莲花座上的佛像。在塔身侧壁和栏杆等处，还有2 500幅浮雕（图3-31、图3-32），其中1 400多幅刻佛本生的故事，另有1 000多幅刻有现实生活的各种场景和山川风光、花草虫鱼、飞禽走兽、瓜果蔬菜等题材。雕刻的风格受到印度笈多王朝时期佛教雕刻的影响。

从婆罗浮屠的建筑形制来看，既有古代印度佛教中窣堵坡的形象，又有金刚宝座的影子，爪哇佛篓的做法还有一点点石窟佛像的感觉，这种前所未见的佛塔形式造型新颖，风格复杂。由于长期被掩埋地下，佛教也一时淡出爪哇，所以对于婆罗浮屠真正的用途和意义也无从查证。有些学者认为这是夏特连王朝君王的陵墓，还有人认为这是舍利塔，甚至有人认为这种下方上圆的形式代表天圆地方。不过这些理论都很牵强。

从一些宗教的普遍认识来看，能够推测一二：

---

1 陈志华.外国古建筑二十讲[M].北京：生活·读书·新知三联书店，2001.

图 3-29　圆形基座上的小窣堵坡

图 3-30　侧壁上的佛龛

图 3-31　婆罗浮屠浮雕（一）

图 3-32　婆罗浮屠浮雕（二）

　　从整体平面形式来看，很容易让人联想到曼陀罗图形，中心的大窣堵坡和其周围层层递进的三层小窣堵坡共同组成曼陀罗的中心，意味着佛国世界的中心。

　　中心部位的大窣堵坡很有可能代表着佛陀释迦牟尼，围绕其布置的一圈小窣堵坡内布置的坐佛的五种手势似乎意味着某些事件。从"转法轮"这一手势直接就联想到佛陀释迦牟尼第一次转法轮的场景，佛陀第一次转法轮之时便是佛教具备"佛、法、僧"三宝正式立教之时，所以这个"转法轮"的手势象征着佛陀释迦牟尼立教。从这个象征意义再看其他四个手势，"指地""禅定""施予""无畏"四个词又令人联想起佛陀释迦牟尼创立佛教的过程。"指地"很有可能是指佛陀释迦牟尼放弃太子身份出家修行；"禅定"则指佛陀苦行沙门期间的修炼与思考；"施予"很有可能是指牧羊女布施给佛陀食物的故事；"无畏"则可能表达了佛陀在沙门苦行生涯无果之后，毅然决然地放弃苦行而重新思考，最终悟道，并决定弘扬佛法。

这种理解相比"此处为陵墓"的说法更可靠一点，因为窣堵坡的原始用途便是供奉佛陀释迦牟尼，窣堵坡的形象从一开始就象征着佛陀的存在。至于窣堵坡群之下的方形基座和圆形基座也是曼陀罗的形式布局，是立体的"坛城"。由下至上的通往方形塔身顶部的通道的用意可以猜测：建造该塔时很有可能想营造一种"朝拜之路"的感觉，将古印度佛教中原本在地面上建造的窣堵坡抬高到一个高度，突出了佛陀的神圣，也能体现出信徒朝拜的决心。

第三节　寺庙

1. 印度佛教寺庙的产生

什么是佛教寺庙，它的具体概念该如何定义？这是在研究佛寺的产生之前先要弄清楚的。

有关资料定义佛寺为："佛教僧侣供奉佛像、舍利（佛骨），进行宗教活动和居住的处所……起源于天竺，有'阿兰若'和'僧伽蓝'两种类型。阿兰若，原指树林、寂静处，即在远郊的空闲处建造的小屋，为僧人清净修道的场所，后泛指佛寺。僧伽蓝，是僧众共住的园林，又分为'支提'和'精舍'两种。"[1]

显然，这里对于佛寺的定义是针对中国佛寺的，我们可以从"……的场所"和"……的园林"这些字眼看出，这里对佛寺提出的概念不单对于一栋建筑，而是包括其周围的环境或建筑群体的统称。那对于古代印度的原始佛寺又该如何定义呢？

佛教寺庙翻译成英文为"Buddhist Temple"或"Buddhist Monastery"。在很多外文资料中，Temple 或 Monastery 经常所指的是单栋建筑，如 *Where the Buddha Walked* 一书中迦毗罗卫的毗普拉瓦总平面图上就是给单栋建筑标注"Monastery"

---

1 百度百科.佛寺 [EB/OL].http://baike.baidu.com

的英文[1]。显然，这里英文单词所指的含义有所不明，我们可以理解为：他们把单栋建筑看做是一座寺庙；又或者这里的单词有别的含义，比如指"精舍"。翻译间的误差客观存在着，主要是看个人对词语的理解。

我国唐代高僧玄奘在他的《大唐西域记》中主要是用"僧伽蓝"为单位记录当时印度的宗教分配比例，其中卷七内有这样的描述："婆罗尼河东北行十余里，至鹿野伽蓝。区界八分，连垣周堵……大垣中有精舍……伽蓝垣西有一清池……"[2]虽然玄奘没有提及佛寺这一概念，但从这段话中可以看出，伽蓝是比精舍大一个等级的概念，而且伽蓝周围有"垣（即围墙）"，这种具有一定空间界定的伽蓝就是佛寺。

有的学者认为，竹林精舍是印度佛教史上最早的佛寺，是佛教最早的建筑形式。关于竹林精舍的来源上文有详细叙述过，且不说竹林精舍本就是既有的建筑形式，就从上面玄奘对"伽蓝"和"精舍"的区别描述上就可以否定"竹林精舍是佛寺"这一说法。

综上所述，并结合个人的理解与观点，笔者认为印度佛寺应该这样定义：印度佛寺是供佛教弟子使用，且具有一定规模、带有佛教特色、独有的建筑群体及其周边环境的总和。

以下就结合笔者对佛寺概念的理解来解析一下佛寺的产生。

佛陀释迦牟尼涅槃之后，佛教内部一时没有了精神依靠，所以供奉佛舍利的窣堵坡所在地就被当做佛教圣地，于是就有了之前提到的"集聚效应"。原始佛教时期的佛教弟子纷纷以窣堵坡为中心修建经堂和精舍，佛陀弟子们在圣地诵经、讲法，把佛教继续传播下去，弘扬佛教教义。在佛陀涅槃后的一百多年时间里，佛教徒们单纯地修行礼佛、发展佛教。由于佛教的发展，佛教徒的队伍不断壮大，此时窣堵坡周围修建的精舍已不再是雨安居期的暂居所，而是作为长期居住的建筑形式，因此圣地周围逐渐形成以窣堵坡为中心的建筑群，这些建筑群的布局模式便是佛寺的早期雏形。

从佛寺的早期雏形来看，窣堵坡是其中的关键所在，是"聚集效应"的源头。从另一角度来看，佛寺的早期雏形包括窣堵坡、经堂和精舍至少三种建筑形式，

---

1 Rana PBSingh. Where The Buddha Walked [M].India:Indica Books, 2003.

2 （唐）玄奘，季羡林等校注．大唐西域记校注 [M]．北京：中华书局，2000.

除了窣堵坡是佛教独有的建筑形式外，另两种则不是。又因为佛寺以窣堵坡为中心式的布局形式具有浓烈的佛教特色和宗教意义，佛寺产生的条件基本满足了，经过一段时间的发展，佛寺初步产生。

有些佛经翻译家将毗诃罗译为"寺"，用之前文章中的内容解释，仅一个毗诃罗根本不能代表一座寺庙，包括之前提到的精舍也同样不能算是一个完整的寺庙。有很多学者都把佛陀生前暂居过的精舍称为寺庙，精舍是有钱佛教信徒无偿捐赠给佛陀讲经说法、度过雨安居的居所，其规格和形式虽有一定的佛教用途，但这种临时的住所并没有区别于普通民宅的特征，更不能被称为寺庙。而窣堵坡周围逐渐发展起来的建筑群是由讲堂和毗诃罗群组成的，这些毗诃罗大小不一、形式不一，这种围绕窣堵坡修建的、功能齐全、具有浓厚的佛教特色的建筑群才能算是寺庙。随着佛教的发展，寺庙的形式与空间也有很大改进，并被赋予了内容丰富的宗教意义，逐渐发展成熟，例如那兰陀寺庙。也有学者认为，佛、法、僧三者齐全才能被称为寺庙，如西藏的大昭寺被称为"觉康"，第一座真正的寺庙则是"桑耶寺"。

2. 印度佛教寺庙的发展演变

古代印度佛教寺庙的雏形是围绕窣堵坡发展起来的建筑群，虽然佛陀释迦牟尼在世时的精舍和毗诃罗都不能算是佛教寺庙，但是早期佛教寺庙的形成离不开这些精舍和毗诃罗。精舍一开始便是有钱的信徒捐赠给佛陀的，所以精舍的建造也逐渐迎合了佛教修炼的基本活动，可以满足佛陀讲法这一基本的功能需求；作为雨安居，也有居住的功能。毗诃罗作为独立的小型佛教建筑，足够满足佛教弟子居住与个人体悟的修行。佛陀涅槃后，各佛教弟子便以窣堵坡为中心修建一些适合修行的大大小小的建筑，并以此来靠近、供奉和瞻仰佛陀。按逻辑推论得到这样的场景：供奉佛陀舍利的窣堵坡周围，陆陆续续出现了一些独立的毗诃罗，为了宣扬佛法又建造了一些类似于精舍中适合讲法的讲堂；随着时间的推移，独立的毗诃罗和讲堂逐渐形成了一定的规模；于是这种以窣堵坡为中心、具有一定规模、适合佛教弟子长居修炼，同时能时常讲法弘扬佛教的建筑群便形成了早期的寺庙的基本型制（图3-33）。

早期的佛教寺庙多以土木结构为主，这主要是由古代印度民居的常用建筑材料决定的。原始佛教时期，佛教徒严格遵守着佛陀释迦牟尼的教导，不占有任何财产，

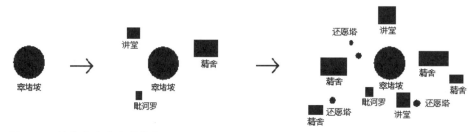

图 3-33　早期寺庙的发展模式

所以早期佛教寺庙的建设也是比较简单的。这时候的佛教徒以修炼弘法为重心。

　　随着佛教的发展、繁荣，尤其是后来大乘佛教占主导地位，佛教寺庙也随之发展。从"根本分裂"事件的起因我们可以看出，原始佛教末期，佛教已不再纯粹而逐渐世俗化，佛教徒也不再坚持不占有任何财产。阿育王时期，佛教的发展达到一个繁荣期，此时的佛教在大乘佛教徒的主导下，在国家政府的支持下，不断敛财，不仅占有土地、寺庙，还收集金银，可以说，此时的佛教寺庙已经成为敛财工具，因而佛教寺庙有了很大的变化。

　　首先，佛教由原来的非偶像崇拜转变为偶像崇拜。这一变化主要表现在佛像的出现。原始佛教时期，佛教不搞偶像崇拜，认为佛祖是无相的，所以这一时期常以佛陀的脚印、菩提树、窣堵坡、相轮等物代表佛陀释迦牟尼，因此，佛寺中常出现这些象征性的事物。1世纪末，在犍陀罗[1]第一次出现了佛像，以佛陀释迦牟尼的各种传说为题材的雕刻艺术也随之产生（图 3-34、图 3-35），这种佛教雕刻艺术出现在很多佛教类建筑中，我们所熟悉的有桑契大塔、佛祖塔等。此后，在寺庙中佛像取代了象征性的事物，原本以窣堵坡为中心的布局逐渐被以供奉着佛像的殿堂为中心的布局形式所取代。

---

1 犍陀罗又作健驮逻、干陀卫。意译香行、香遍、香风。位于今印度西北喀布尔河下游，五河流域之北，今分属巴基斯坦与阿富汗。犍陀罗国的领域经常变迁，公元前4世纪马其顿的亚历山大大帝入侵印度次大陆西北部时，它的都城在布色羯逻伐底，约在今天巴基斯坦白沙瓦城东北之处。公元1世纪时，贵霜王朝兴起于印度北方，渐次扩张版图，至喀布尔河一带。迦腻色迦王即位时，定都布路沙布逻，就是今天的白夏瓦地区。王去世后，国势逐渐衰微，至寄多罗王，西迁至薄罗城，王子留守东方。

图 3-34 佛像艺术（一）

图 3-35 佛像艺术（二）

其次，佛教寺庙内由于收敛了大量的财物，佛寺的规模也不断扩大，不仅如此，佛寺也不再是朴实的建筑体，而是精美繁复的艺术载体。佛寺规模的扩大也引起了佛寺内功能的细分化，出现了专门的管理体制。这种体制的出现更是寺庙内等级分化的表现。

从寺庙的建筑材料来看，就不是容易保存下来的存在形式。随着印度教的创立，佛教寺庙更是被印度教所占领、改造，战争带来的伊斯兰教更是对佛教寺庙赶尽杀绝，最后仅有的寺庙几乎惨遭灭绝，所以，基本就没有原始佛教时期的寺庙被完整保留下来。

3. 印度佛教寺庙的空间形式

今天只能从一些印度佛教寺庙遗址、印度教的神庙和中国寺庙空间以及相关的史料记载来考察印度早期的佛寺。

在印度佛教中，有一种曼陀罗图形很重要，常在佛教典籍中出现，不仅对古代印度的佛教建筑有影响，对印度教的建筑也有很深的影响。

曼陀罗，有时也译为"曼荼罗"或"曼达罗"等，在佛教经典中常被意译为"坛""坛场""道场"等。曼陀罗是古代印度的一种神秘的图形（图 3-36），一些印度教神庙的建造，就是以曼陀罗的形式为基本平面，其中包含了方形、圆形两种基本形式，同时，曼陀罗也象征着一个蜷伏的人体，它的中心部位相当于人体的肚脐部位（图 3-37），印度教神庙的中央密室常设在这个位置。佛教中引入曼陀罗的图形在很多资料中可以得到证明，如《摩诃僧祇律》卷二九和《根本说一切有部毗奈耶》卷二二·三六中规定：营造伐树，须于七八日之前在树下作曼陀罗、布列香花、设诸祭食，咒愿诵经，祈请居树之天神同上。

从中可以看出，佛教中对曼陀罗的形状还是很崇拜的，把这种曼陀罗的形状用到古代印度佛教寺庙中是很有可能的。据记载，印度佛教密宗，常用曼陀罗作为基本的平面格局来建造寺庙。中国最早的具有曼陀罗特征的寺庙，是建于 8 世纪时的西藏桑耶寺，据传是仿照印度的飞行寺建造的。曼陀罗的图案主要分为九部分，曼陀罗式建筑的基本平面形式大致有中央、四围、八方，以及院内与院外等划分。其基本思想是将建筑看成是整个宇宙，建筑物中央部分常被空出一个较大的庭院，这空旷的庭院就是一切力量的源泉（图 3-38），所以在有些古印度佛教建筑遗址中，庭院内会有一个水池或一口井，例如佛祖童年居住地迦毗罗卫国的迦瓦瑞拉就有个这样布局的寺院。佛教的宇宙观影响着古印度佛教建筑的形式与风格。在佛教经典中还提到，在曼陀罗形式的场所中潜心修炼，能有较高的成就。

4. 精舍的平面布局形式

精舍是印度佛教寺庙中的重要组成单元，是寺庙内佛教徒的休息与修行场所。精舍不仅需要满足佛教徒的日常生活所需，也要满足佛教徒的个人修行与体悟功能的需求。由以上内容中可以看出，曼陀罗式的空间布局能满足佛教弟子的个人

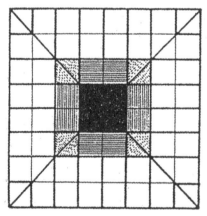 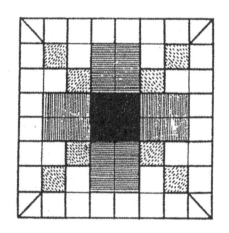

图 3-36　两种偶数形式的印度曼陀罗

图 3-37　人体与曼陀罗

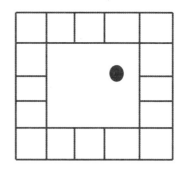

图 3-38　庭院布置一口井的曼陀罗式建筑布局

修行与体悟功能需求。这里主要从平面布局形式上来解析精舍的基本空间布局。

从平面布局上来看，精舍主要由三大部分组成：小室、廊、庭院。三大部分形成一个四方的围合式院落结构布局形式。

最外圈的小室是精舍最主要的使用空间，佛教弟子于其间休息并进行一些个人修行与体悟活动，就是所谓的"打坐"。除此以外，在佛教发展后期，精舍中常会有一间专门用来供奉佛像的小室，这间小室有时候会比周围的普通小室大一点，通常是位于精舍主入口正对的一排小室的中间位置，佛像放置于正对门的靠墙中间位置放置的桌面上，作为佛堂的使用功能，玄奘记载的《大唐西域记》中就记载过佛堂的大体布局；还有些佛像则以高浮雕的形式出现在那面墙的中心壁龛内。有些精舍的普通小室内正对门的墙壁中间位置也会有些小的佛雕像，通常是以浮雕的形式出现，也有置于壁龛内的做法，这可以从那烂陀寺的精舍中看出一二。也有些小室会作为辅助功能用房，例如厨房或厕所等，如印度迦毗罗卫的精舍遗址。小室位于精舍的最外围部分，除了作为主要使用空间以外，还是一个围合的界面。通常来说小室的外墙部分是不开窗洞的，没有窗洞口的精舍外墙将整个精舍围合成一个封闭的修行空间。

小室以内紧邻的就是廊。从建筑空间上来看，廊是精舍的灰空间部分，是小室与内院的过渡空间；从建筑功能上看，廊不仅能遮挡一部分阳光对小室内部的直射，还能于雨季作为挡雨的雨篷之用，对印度这个炎热又多雨的国度来说，廊是很有用的建筑构成部分。

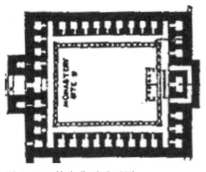

图 3-39　精舍典型平面图

庭院是精舍的中心部分，是最外围的建筑实体小室所围合的虚空间。庭院内布置有井或独立的辅助用房等。

小室、廊、庭院这三者由外至内是实体、灰空间、虚空间的过渡空间布局形式，这种空间布局形式过渡柔和、使用方便，是一种较为合理的空间布局形式（图3-39），很像中国的四合院。这种围合的方式很容易就营造出静谧的空间环境，对于修行的佛教弟子来说使用价值很高。

5. 那烂陀寺（寺庙实例）

（1）历史背景

那烂陀寺在古摩揭陀国王舍城附近，今印度比哈尔邦中部的巴特那东南90公里处。据传说，那烂陀寺的原址是由很多商人合资购买之后捐献给佛陀释迦牟尼供其讲经说法，佛陀在这里度过了三个月的时间，讲经说法、广收弟子，使佛教在此地得到一定的传播。相关资料显示，那烂陀寺建于公元5世纪左右。这一时期印度佛教已经步入了没落期，不再有阿育王时期的辉煌。那烂陀寺是作为佛教学府的性质出现的，主要是为了培养佛教僧徒，除了研习佛教经典外，还教授医学和算术等学科，涉及的范围很广。

玄奘到印度游历之时正值那烂陀寺的辉煌时期，寺院规模很大，佛教徒众多，是当时印度最大的佛学院。玄奘到达那烂陀寺时，为了习得正宗的佛法，便在此挂单，潜心抄录经书。由于他聪慧过人，阅历丰富，逻辑思维缜密，加上在国内从小学习了大量的佛教经典，在那烂陀寺学习的几年时间，他不仅将梵文学习透彻，抄录大量的经书，还把这里的大部分佛教典籍理解透彻，并结合他自己领悟，使自己对佛法的研习达到了一个新的高度。同时，他还兼修婆罗门的一些学术经典，扩大自己的知识面。由于玄奘对佛学有很深的参悟，那烂陀寺内众僧都对他崇拜有加，在后期的学习过程中，他常开设讲堂，为大家讲解自己对佛经的理解，成为那烂陀寺的一位著名高僧。相传，当时外道有个教徒自恃学识渊博，到那烂陀寺挑衅，结果全寺推举玄奘与这位外教徒辩论，最终玄奘以对各经典的高深领悟和缜密的辩论技巧赢得了那位外教徒的尊重。

除了玄奘以外，其后还有很多中国的僧侣前往那烂陀寺学习佛法，例如义净、灵运、玄照等人。

（2）整体空间布局

从整体布局（图3-40）来看，那烂陀寺是以线状的发展路线布局的，有两条轴线，其中西侧一条轴线上主要布置公共建筑，东侧轴线上主要布置僧舍等，布局严谨，与原始佛教时期的传统布局形式相比更实用，功能分区明确。作为学校类建筑，这种僧舍的集中式布局比较便于管理。

那烂陀寺西侧的公共建筑部分属于教学区，由四组寺庙和佛塔两部分组成。寺庙和佛塔的布置形式不再是原始佛教时期的寺庙建筑围绕佛塔布置，这主要是由那烂陀寺的学校性质的功能所决定的。这里以佛教教学为主要目的，且这里的佛塔形制大多都比较小，所以教学区的每组寺庙与佛塔的布局形式都是佛塔林围绕寺庙建筑布置。

东侧的僧舍区是连续的僧院，由总进深几乎一样的精舍排列成一纵列。每个精舍都是传统的中心式院落布局形式，主入口均朝向寺庙建筑，使用方便。精舍的中心院落内布置有石桌（图3-41）、水井（图3-42）、厨房等，满足僧侣们生活日常所需。庭院四周布置着一间间进深很小的小房间，除了满足僧侣们休息之用，还是每个人平时的个人体悟空间。精舍的面宽有所区别，因此每个精舍内的小房间数量也有差异，但基本都保持单数间。每两个相邻的精舍间都留有一条

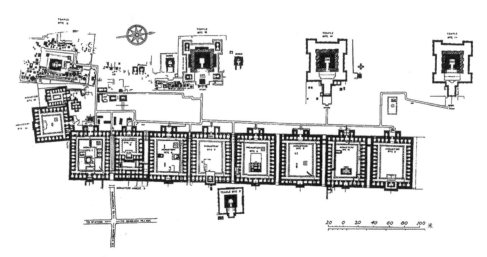

图3-40　那烂陀寺总平面图

图 3-41　僧舍内院的石桌痕迹　　　　图 3-42　僧舍内院的水井

狭长的通道，可供东西向穿行通过，布局合理。

　　西侧的教学区与东侧的僧院区之间，由一条贯穿南北、平行于精舍群西侧的道路，和与之垂直的几条直通寺庙建筑的道路连接。充分体现了那烂陀寺的功能性，可达性处理得干脆、直接。

　　（3）遗址现状及发展

　　从 19 世纪下半叶开始，考古专家便对那烂陀遗址进行考古发掘，先后出土了一些精美的文物，包括雕刻、铜像和印章等。根据义净的《大唐西域求法高僧传》中的描述，那烂陀寺多用砖建成，也有些木构梁和其他一些辅助材料，僧房外有很高的围墙，其上陈列了很多精美的佛像雕刻。

　　现在的那烂陀寺已不复当年的辉煌，在 12 世纪时便毁于战乱等因素。遗址园内大多是些地基遗址，保存相对完整的是一座寺庙建筑（图 3-43），一条长长的阶梯通向寺庙建筑，其周围是一大片佛塔林（图 3-44），佛塔形式多样，有些刻有精美的雕刻，其中最为壮观的是一座周身刻着雕像的真身舍利塔（图 3-45）。

　　如今，随着印度佛教的再次发展，由于其曾经的影响力，那烂陀寺已经开始重建，虽然不一定能重塑当年的辉煌，但这是一个极具历史纪念意义的行动，同时也有利于帮助印度恢复佛教信仰。

6. 藏密伽蓝

　　众所周知，现在的印度已经没有什么完整的佛教寺庙保留下来了，所能看到的大多就是佛教建筑遗址上的空间布局，或者是一些佛教经典中对于佛寺布局的描述，总之，资料很不详尽。为了能对印度佛寺的空间布局进行全面深入的了解，不得不对与之最相近的藏传佛教寺庙进行深入的了解，从中可以反过来看印度佛教寺庙的

图 3-43 寺庙建筑

图 3-44 佛塔林

空间关系。由于中国西藏与古印度的地理位置相邻，所以受到古代印度佛教寺庙空间布局的影响比较直接，相似性也更多，所以了解藏密伽蓝的形式很有必要。

除了喇嘛塔以外，藏传佛教中象征佛国宇宙的寺庙伽蓝形式也具有独特的空间组织形式。自佛陀释迦牟尼涅槃之后，印度佛教逐渐复杂化，不再如佛陀在世时那么纯粹，佛教中开始出现象征意义，这种象征意义在佛教建筑中体现更甚。随着印度佛教的"根本决裂"，佛教中便不断地出现部派分裂，每一部派之间既有联系又有区别，每一部派对佛教教义的理解也有很大的不同，因此，佛教建筑便逐渐细分，其每一单体内部及整体空间的布局都由其象征意义支撑着。藏密伽蓝就是这样一个对佛国宇宙进行象征性模仿与再现的空间组群。

西藏的桑耶寺（图 3-46）是现存中国最早的模仿佛国宇宙组织建造的佛教寺庙。

图 3-45 那烂陀寺真身舍利塔

图 3-46　桑耶寺鸟瞰图

桑耶寺建于公元 8 世纪，又名"桑鸢寺"，始建于唐大历年间，位于西藏的扎囊县雅鲁藏布江北岸，是西藏历史上第一座为僧人剃度出家的寺庙。该寺庙是由从印度请来的佛教徒寂护主持修建的，以古时候印度摩羯陀国的寺庙为蓝本建造，所以，桑耶寺受到了印度佛教寺庙的直接影响。[1]

乌策殿（图 3-47）是桑耶寺的主殿，位于整座寺庙的中心，象征着位于世界中央的宇宙之山——须弥山。殿高三层，坐西朝东，平面为方形，平台之上设有类似于金刚宝座的五个尖顶，象征着东、南、西、北、中五个方位及五佛。围绕着乌策殿的四个正方位各建三座小殿，分别象征着世界各部，并对称设置两轮日与月。在其四个角上布置红（图 3-48）、白（图 3-49）、绿（图 3-50）、黑（图 3-51）四座塔，表示四方、四色及四大护法天王等。围绕桑耶寺的围墙以圆形象征环绕世界的铁围山。虽然现在的桑耶寺已损毁很多，不复昔日的辉煌，但是从其壁画中描绘的桑耶寺的景象还是可以看出比较完整的象征佛国宇宙的空间布局。

---

1 王贵祥. 东西方的建筑空间 [M]. 天津：百花文艺出版社，2006.

图 3-47　乌策殿

图 3-48　红塔

图 3-49　白塔

图 3-50　绿塔

图 3-51　黑塔

第四节　石窟

1.古印度石窟的产生

石窟，顾名思义就是"石头上的洞穴"。

其实石窟在佛教产生之前就已经存在了。佛教产生之后，尤其是佛陀释迦牟尼涅槃之后，佛教徒利用和开凿石窟，使之被赋予了佛教内涵和用途。

最早的石窟是山体上天然形成的洞穴，可用作暂避风雨之所。早期释迦牟尼为沙门弟子游历苦行之时，也常会于洞穴中修行。之后佛教创立，佛陀带领弟子四处讲法布道、弘扬佛法，期间偶尔也会集体在洞穴中躲雨。基督教早期也有分散在西亚山岩中的洞穴式的"cell"[1]，"cell"是"细胞"的意思，这里我们可以理解为"单体（洞穴）"。

佛教石窟的基础便是天然山洞，山洞有遮风避雨的基本功能，而且可作为永久性住所，是宗教信仰者修行场所的良好选择。

前又提到，佛陀涅槃百年后，僧侣内部出现分歧，最终大乘佛教占上风，主导着佛教的发展走势。小乘佛教徒为躲避尘世喧嚣，到偏僻的山林中凿山为穴，修建山野窟居，潜心修炼，这便是佛教石窟的由来。

随着阿育王将佛教推上高潮，佛教在全印度呈风靡的态势，一些深山老林里面也出现了石窟。初期的石窟多是毗诃罗式的，这种毗诃罗式石窟一方面满足了比丘们远离尘嚣潜心修炼的愿望；另一方跟印度的天气有关，印度是个雨、热季分明的国家，除了有长达三个月的雨季以外，还有漫长的炎热期，在山林里开挖石窟既可以遮风避雨安心修炼，还可以在山林的清爽中度过炎热的夏季。这种开山凿窟避世修行的做法，成为后世佛教徒们的一种追求。我国魏晋至南北朝时期，社会处于动荡不安的局面，连年战乱，佛教在这种局势下传入我国，中国佛教石窟也在动荡的五胡十六国时期开凿，人们在现实的苦难、恐惧、绝望的悲观情绪中得以躲避战乱，皈依佛门，遁世苦修。

印度的毗诃罗式石窟甚多，如著名的阿旃陀石窟，全部 26 个洞窟中，就有22 个毗诃罗窟，开凿于公元前 2 世纪到公元 7 世纪。这种毗诃罗窟主体上一个较大的方形窟室，除正面入口外，左右壁和后壁上还开凿了一些小的支洞[2]。通常来说，毗诃罗窟的立面形象较为简单，它的一面设置有入口（图 3-52），通过立面开凿的一排柱廊与内部的一个较大的方厅相连接。建筑内部在方厅周围再凿建尺度规格相等的小方室，作为僧侣的居住地。有些比较大型的毗诃罗窟，在方厅中有成排的列柱，还专门留有供奉佛像的小室（图 3-53）。毗诃罗窟的窟顶是平的，其内部可依据自身的特点进行一些雕刻和彩绘的装饰[3]。

1 王贵祥.东西方的建筑空间 [M].天津：百花文艺出版社，2006.
2 萧默.敦煌建筑研究 [M].北京：机械工业出版社，2003.
3 王其钧.外国古代建筑史 [M].武汉：武汉大学出版社，2010.

　　这些毗诃罗式石窟既能满足僧侣们在寂静的空间内自我修行，又能满足他们的居住所需。通常在雨安居的三个月时间内，僧侣们都是在这种石窟内修行，过了雨安居便出去讲法布道。由于这些石窟具有永久性的特征，因此在长时间的发展中小型的毗诃罗式石窟（图3-54）聚集形成石窟寺（图3-55），这种石窟寺由多个毗诃罗窟集中在一起发展而来，在之后的发展中，单个的毗诃罗窟几乎没有了。毗诃罗石窟是石窟的一种重要形式。

　　这之后又有了新的石窟形式，通常称为"支提窟"。"支提"是指内部设有供奉佛舍利的佛塔，其建造材料有砖和石两种，造型也从初期的覆钵式演变为后来的方形。"支提窟"就是内部建有一座支提的石窟（图3-56）。

　　早期佛寺就是在窣堵坡的"集聚效应"下逐渐形成的，可见窣堵坡对于佛教徒的重要性。原始佛教时期，佛教不搞偶像崇拜，没有佛像，为了表达对佛陀的敬仰之情，佛教徒修建支提来纪念释迦牟尼，支提窟中的支提就象征着佛陀的存

图3-52　阿旃陀一毗诃罗窟入口

图3-53　供奉佛像的小室

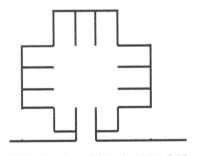

图3-54　毗诃罗式石窟平面示意图

图3-55　坎赫里毗诃罗石窟寺

  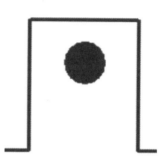

图 3-56　坎赫里支提窟　　图 3-57　简易支提窟　　图 3-58　简易支提窟平面示意图

在。支提窟很可能就是小乘佛教徒在山野中开凿石窟进行修行时，为了表达自己的信仰和对佛陀的思念而修建的石窟形式。

最早的支提窟形式很简单（图3-57、图3-58），简易的山洞内包含有一个支提，随着佛教的发展和对佛陀的偶像崇拜，支提窟逐渐形成了自己特有的空间形式（图3-59），窟内也有了佛像的出现，佛教艺术从此不断发展。僧侣们会在支提窟举行宗教仪式，列队围着支提绕圈，这是印度佛教中最常见的绕塔仪式，一般是按顺时针方向转圈，这跟佛陀转法轮的行为有着密切的联系。

支提窟的深度远大于其宽度，在后期的发展中，沿边会有一圈柱子。为了增加支提窟内部的采光，大门洞的上方凿有采光洞口[1]（图3-60），也因此，支提窟内部的高度较高，窟顶呈拱顶形式，如巴贾支提窟的布局形式（图3-61）。这种后期发展成熟的支提窟在佛教石窟中并不多见，比较多的石窟形式还是如居室般呈方形或长方形的布局方式。

由于石窟的永久性特征，佛教艺术随着石窟在沉默几个世纪之后一起被保留了下来，为现代研究佛教及其艺术提供了宝贵的资料，更是给世人留下了珍贵的文化遗产。毗诃罗石窟和支提窟经过犍陀罗向东一路传播到了中国内地，这种石窟艺术在中国得到了极大的发展，主要体现在雕刻和壁画上，至今还保留了丰富的石窟艺术精品，令后人惊叹。

---

1 陈志华.外国古建筑二十讲[M].北京：生活·读书·新知三联书店，2001.

2. 古印度石窟的发展演变

佛教石窟由天然山洞发展到人工刻意开凿（图 3-62），再由基本没有什么修饰的简易石窟发展到具有一定形制、装饰华丽的石窟寺，经历了漫长的岁月，成为现在的世界佛教艺术瑰宝，如阿旃陀石窟（Ajanta Caves）群、卡利尔石窟（Karla Caves）群等。

石窟建筑是直接在完整的山体上通过"减法"的手段凿出的空间。这种空间遮风避雨、冬暖夏凉，除非遇到地质灾害，否则这种石窟建筑便是永久性的存在。

前文的内容中提到了石窟的产生以及毗诃罗式石窟和支提窟的基本形式。其实早期人工开凿的毗诃罗式石窟多有模仿木构建筑的形式，这种形式还对后期的支提窟有一定的影响。在世界各地的建筑中都会看到木结构对砖石结构的建筑影响，多表现在建筑修饰上，通常会以模仿木构的壁柱、梁架等形式出现，在石窟寺中也存在这种现象。

（1）毗诃罗石窟的发展演变

毗诃罗式石窟寺是由单人的毗诃罗石窟发展演变而来的，这与精舍的演变由来类似，都属于一种聚集相应。

早期的毗诃罗式石窟很简单，就是一个方形大空间，除了入口前的一排立柱形成入口空间的前廊这一灰空间的变化外，内部大空间就不再有其他小分割了，有学

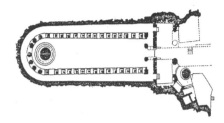

图 3-59　成熟支提窟平面图

图 3-60　阿旃陀石窟采光口

图 3-61　巴贾支提窟

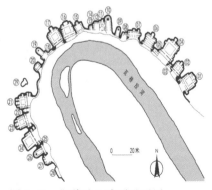

图 3-62　阿旃陀石窟群平面图

者将这种最简易的毗诃罗式石窟另归为一类，称其为"方形窟"（图 3-63）。最典型的实例就是坎赫里（Kanheri）的第 67 号窟。这种方形窟除了平面形式呈方形外，其余各面也都是方形，整个空间就像一个方盒子，因此，顶部就是平顶形式，没有什么空间变化。在之后的发展中，这种方形窟顶多就在内部空间各面上加以彩绘进行装饰。这种方形窟的宗教意义很纯粹，少有类似于"绕塔"这种复杂的宗教礼仪形式，多的是一份宁静、单纯的体悟空间。

几个佛教徒为了能一起修行，便将这种方形窟叠加开凿，形成了我们现在经常提到的毗诃罗石窟寺。早期的毗诃罗石窟寺就是在方形窟的基础上，在四壁继续开凿并列的方形窟，共用方形大厅。此时依旧是没有什么装饰的简易石窟寺，在佛教的长期发展中，佛教建筑艺术不断提高，就有了装饰的需求，这种装饰首先就是表现在毗诃罗石窟寺内增添了一圈立柱（图 3-64）。其后对于装饰的要求越来越高，例如在巴贾（Bhaja）第 19 号毗诃罗石窟中，窟内每间居室外墙上都做了壁龛作为装饰，门头上也加了一些洋葱头装饰（图 3-65），除此以外，窟门前廊也不是简单的立柱形式，而是由立柱与顶部形成拱券形式的前廊空间（图 3-66）。

（2）支提窟的发展演变

毗诃罗石窟之后的支提窟给石窟建筑及其艺术注入了新的元素。

早期的支提窟也是模仿了砖木结构的形式。支提窟与毗诃罗窟最大的区别就

图 3-63　坎赫里的方形窟　　图 3-64　贡迪维蒂内增柱廊的毗诃罗窟

图 3-65　壁龛与洋葱头装饰的毗诃罗窟　　　图 3-66　毗诃罗窟拱券前廊空间

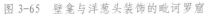

是"支提"，也就是石窟内多了一个窣堵坡。支提窟内的窣堵坡的位置不是一成不变的。

　　最原始的支提窟内部空间平面呈圆形，此时窣堵坡就位于圆形平面空间的中心位置，这一时期的支提窟以绝对的佛塔崇拜形式存在，而此时的佛塔就是佛陀释迦牟尼的象征。这种纯粹的圆形支提窟完全满足了佛教中的绕塔礼仪形式需要，但是这种圆形支提窟的空间大小有限，限制了僧侣的发展，因此，这种支提窟往往不是独立存在的，通常会有一些适合僧侣起居的其他石窟在其附近，组成石窟群。例如杜尔贾莱纳（Tuljalena）第 3 号窟就是这种圆形支提窟。

　　由于圆形支提窟的空间限制，在后期的发展中逐渐出现了一种将圆形支提窟与长方形平面空间结合的支提窟形式。这种形式一般都是从石窟正门直接进入一个进深大于面宽的长方形大空间，其末端就紧跟着一个圆形空间，窣堵坡就至于其内。例如贡迪维蒂（Kondivite）第 9 号窟就是这种形式（图 3-67、图 3-68），虽然解决了圆形支提窟空间不足的缺陷，但是这种生硬的连接方式还是造成了一部分死角空间的浪费，且末端的圆形空间依旧显得局促，在绕塔仪式这一佛教活动的过程中还是不能容纳足够多的僧侣。

　　随后，圆形与方形空间的这种连接方式又得到了进一步的改善，取消了圆形空间与方形空间之间的墙体，形成了一个方形空间与半圆形空间良好过渡的结合形式。例如卡利尔的第 8 号窟（图 3-69），这种支提窟的形式已经比较成熟，石

图 3-67　贡迪维蒂第 9 号窟整体空间

图 3-68　贡迪维蒂第 9 号窟末端圆形支提窟

窟内空间很大，末端的窣堵坡就是整个石窟的重心与高潮。通常这种支提窟的顶部是拱券形式，整体空间显得庄重恢宏。

　　这些支提窟多以立柱和壁柱作为装饰。早期的立柱和壁柱形式比较简洁、大气，其后的发展中不断细化和美化，因此出现了各种柱子形式。与之相似，早期

图 3-69　卡利尔第 8 号窟

窣堵坡也以简洁为主，主要就是为了纯粹地表达对佛陀释迦牟尼的崇拜和敬仰。随着佛像艺术的出现，支提窟内出现了越来越多的佛像造型，有些以浮雕的形式刻在石窟内壁上，有些则直接在石窟内壁上整雕出一圈佛立像，还有些则将佛像直接雕刻在窣堵坡上，当然也有直接将佛像绘于石窟内壁上的相对简洁的做法。

3. 石窟艺术

　　印度佛教石窟的建筑与雕刻风格影响东南亚各地。但东南亚国家开凿石窟甚少，直接继承石窟艺术传统的是阿富汗和中国的佛教石窟。阿富汗巴米扬等地的石窟汇聚了印度石窟建筑和犍陀罗艺术的成果，将石窟和巨型造像结合起

来，形成了中亚地区独特的巴米扬艺术流派[1]。

印度石窟多隐于山林，也就阴差阳错地躲避了其他宗教的迫害，与鹿野苑等佛寺惨遭的摧毁境遇截然不同。如今，曾经淹没于山林的众石窟重新展示于世人面前，以其精湛的艺术征服了人们的眼球，同时也向世人诉说着他们曾经的辉煌。这些石窟艺术表现在石窟内的方方面面，其建筑艺术、雕刻艺术和绘画艺术等无一不令世人折服。

（1）石窟建筑艺术

印度保留下来的石窟无论从完整度还是数量或质量都是相当高的，其建筑艺术主要体现在石窟的两种建筑形式及其演变的过程上，同时也体现在石窟的建筑构造上。

前文内容中提到的毗诃罗石窟和支提窟在千年演变中都各自发展成具有完整性空间的建筑，无论从建筑形式还是空间感方面都能符合各自的功能需求，几千年的历史沉淀在建筑上诠释着静谧、庄严的佛国世界。

保存下来的数量众多的石窟从最初的原始形式到后来的成熟形制都有体现，似乎在向世人展示他们的成长过程，让我们对这些石窟有了更多的了解，像是见证着他们的长大、成熟。贡迪维蒂的石窟（图3-70、图3-71），感受到石窟初期的质朴与希望；而如卡利尔底8号窟那样的成熟形制石窟，令人感受更多的则是震撼。

图 3-70　早期石窟群

图 3-71　质朴的石窟内景

---

1 李珉.论印度的早期佛教建筑及其艺术[J].南亚研究季刊，2005(01).

　　石窟的建造虽然大多采用简单的减法在山体上开凿一个个空间，但是在开凿过程中，除了预留必需的使用空间外，还注重了石窟的建筑构造形式。从一开始的模拟木结构的梁架结构形式（图3-72）到后来穹顶的内部空间形式，从简易的方形柱或圆形柱到后来的预留柱头或增加雕刻的柱子形式（图3-73），体现了石窟建筑艺术的发展与进步。

　　石窟的建筑艺术体现在石窟内的每个部位，包括窟内的建筑空间、柱子、梁架、穹顶、支提、门、窗、壁龛等，这些建筑艺术大多与雕刻艺术和绘画艺术等装饰艺术结合，使得印度石窟丰富多彩，频频带给人心灵的震撼！

　　（2）石窟雕刻艺术及绘画艺术

　　印度石窟的雕刻艺术、绘画艺术，装饰艺术等都是在建筑艺术的基础上发展起来的。在早期的装饰艺术中，多采用几何形式或线条等（图3-74、图3-75），而后期装饰艺术题材则越来越丰富，形式也更多变，尤其是在佛像产生之后，石窟的雕刻艺术和绘画艺术等装饰艺术更是达到了辉煌时刻。各种佛像以不同的形式、不同的姿态出现在石窟内的各个角落，如墙壁上的佛雕像（图3-76）、柱头上的佛雕像（图3-77）、支提上的佛雕像（图3-78）、天花板上的彩绘（图3-79）等。这些精美的雕刻艺术及绘画艺术等装饰艺术强有力地征服人们的眼球。

图3-72　石窟中模仿木构建　图3-73　石窟中形式多样的柱子
筑的梁架

图 3-74　几何形式的柱子　图 3-75　几何形雕刻装饰的过梁

图 3-76　墙壁上的佛雕像　　　　图 3-77　柱头上的佛雕像

图 3-78　支提佛雕像　图 3-79　天花板彩绘

第五节　阿育王石柱

1.阿育王石柱的由来与基本形式

石柱是古代印度佛教建筑中除窣堵坡、寺庙以及石窟外另一种构筑物，以单体耸立的形式存在。石柱常被称为"阿育王石柱"或者"阿育王赦令柱"，顾名思义，石柱与阿育王有着密切的联系。

阿育王皈依佛门之后便大力弘扬佛教。为了能将佛法弘扬到各地去，也为了使更多人瞻仰，阿育王亲自从华氏城出发，到与佛陀释迦牟尼有关的圣地去朝拜，并于所到之处命人树立起石柱，将铭文刻在石柱周身。铭文的内容为佛陀释迦牟尼的生平事迹以及佛法铭言，这便是石柱的由来。这种独立的石柱作为佛教的标志物在一定的时期内影响着很多人，也在一定程度上将佛教广为传播，只可惜，现存的石柱不多。

阿育王石柱除了周身刻有铭文外，还有些石柱上刻着涡卷、马、公牛和大象等图案（图3-80、图3-81），这些图案可能跟波斯文化有关。石柱顶部通常是圆雕的动物形象，如鹿野苑的石柱顶部则是狮子。

 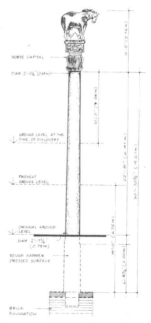

图3-80　吠舍离的阿育王石柱　　图3-81　马柱头阿育王石柱立面图

2. 鹿野苑的阿育王石柱

鹿野苑石柱（图3-82、图3-83）是所有石柱顶最闻名的一尊。虽然它仅2米高且形式较拘谨，显得矮小而不够气派，然而其制作之精细以及独特的表面光洁度（被称为"孔雀抛光术"）却使它闻名于世，成为早期佛教的一件稀世珍品（已作为印度的国徽标志）。它的柱头由三个不同的部分组成：柱子的顶板下是一个带凹槽的鼓状物，顶板上用浮雕刻着四个小法轮，四法轮间隔着有象、马、牛、狮四个浮雕动物，顶上的主要部分雕着四只背对的狮子。现存的柱形并不完整，因为按原设计，在四个狮子的背上还应驮有一个巨大的法轮。

鹿野苑阿育王石柱有其独特的象征意义：石柱是在鹿野苑发现的，鹿野苑为释迦牟尼首次传授佛法、初转法轮的圣地。从现今考古发现以及所存有的实物来看，在早期佛教艺术中，释迦牟尼的形象从来不出现，他的生平事件也是用不同的符号来代表的。光环或轮是古代中东用来表示最伟大的神或智慧的符号，但佛教却用轮来代表法轮，成为佛法的象征符号，并被全世界所接受。这个鹿野苑石柱柱顶的四头狮子曾背驮着一个巨大的法轮，与顶板上的四个小轮相呼应，象征

图3-82　鹿野苑的阿育王石柱　　图3-83　鹿野苑阿育王石柱柱身铭文

着佛法至高无上。狮子在世界各地被认为是兽中之王，而释迦牟尼被喻为智者中的狮子，他于四方说教，如狮子的吼声在世界回荡。顶板上的四种动物在印度，自吠陀时期始就代表着世界的四个方位，大象代表东方，马代表南方，公牛代表西方，狮子代表北方。四种动物与法轮相间，象征着法的真谛射向世界的四个方向，它们合在一起为处于其上的大法轮———叱咤全宇宙的佛法提供了基础，这表示释迦牟尼佛法神通广大，遍布寰宇。此外，这四种动物还是一种思想信念的代表和象征，如象象征和平，狮象征威严，马象征胜利，牛象征生活。这件作品不仅是释迦牟尼向宇宙说法的极妙的象征，同时也可被认为是把阿育王看作一位开明的世界君主的写照。古代中东如巴比伦认为宇宙的主宰，是有非凡的智慧和至高无上权力的伟大君主，在印度语中被称为"转轮圣王"或"持轮者"，在印度艺术中，"转轮圣王"拥有七种宝贝，其中法力最大的是"闪光轮"。由此可见，鹿野苑石柱柱顶还有另外一层象征意义——将阿育王比作尘世间的"转轮圣王"，传播佛法真谛，侍奉神圣的释迦牟尼 [1]。

小结

从佛陀释迦牟尼时代使用的精舍和毗诃罗到第一个佛教建筑类型"窣堵坡"的产生，这是一个具有深刻的宗教含义的过程，也是佛教建筑开始形成和发展的开端。在窣堵坡的"聚集效应"的作用之下，佛寺也以一个缓慢的过程不断形成和发展，直至形成特有的宗教空间布局模式。佛教石窟则在天然山洞的基础上，不断人工开凿，不仅形成了具有一定规模和空间形式的石窟寺，还发展了佛教艺术，尤其是佛像艺术，更是在宗教林立的古代印度成功躲避了异教徒的破坏，使得高超的佛教艺术保留下来，给人类留下了珍贵的文化遗产。

窣堵坡、佛寺、石窟三种佛教建筑形式是相互关联和相互影响的。佛寺因窣堵坡的产生而在其周围逐渐发展起来；佛寺内有窣堵坡；石窟的发展后期形成石窟寺，也应该属于佛寺的一种，且支提窟内也有窣堵坡。

也正因为三者间的复杂关系，使得目前为止，国内外还没有达成一种佛教建筑该如何分类的共识。各学者对佛教建筑的分类更是层出不穷，在《世界建筑文化》

---

1 李珉.论印度的早期佛教建筑及雕刻艺术 [J].南亚研究季刊，2005(01).

一书中谈到印度佛教建筑风格与特点时，就将印度佛教建筑归纳为有窣堵坡和佛塔两种风格[1]。本书为了能将印度佛教建筑全面地概述一下，特从佛教建筑类型产生的先后顺序和各自的特征性出发，将其分为窣堵坡、佛寺、石窟三种类型进行分别论述。

古代印度的建筑水平很高，从哈拉帕文明、列国时代和孔雀王朝时期的城市建筑可以看出[2]，佛教建筑在印度的发展也曾深深地影响着其他宗教建筑，是古代印度建筑的重要组成部分。

佛教窣堵坡以其鲜明的佛教特色成为佛教圣地的源头，影响着佛教的发展，也对其他佛教建筑的产生和发展有着直接或间接的影响。本章主要对印度三大类佛教建筑进行详细描述，系统地分析三种类型的佛教建筑的发展演变与特色，并举例详细说明。

窣堵坡是最早的佛教建筑类型，至今保存最完整的早期窣堵坡是桑契大塔，从平面布局到其雕刻艺术都有着超高的艺术价值，也是珍贵的历史研究资料。阿育王曾下令建造八万四千座佛塔来宣扬佛教，并通过这种形式将佛教从古印度地区向外传播，对佛教后期在其他国家的发展有着重要的贡献。

印度地区现存的古老寺庙不多，除石窟寺外大多已是断壁残垣。穆斯林入侵印度时期，伊斯兰教为铲除异教而大肆破坏佛寺，随着佛教的衰败，佛寺也日渐荒废，还有些仅存的佛寺则被其他宗教徒占领并改造。

石窟本是小乘佛教徒为躲避尘世而修建的，大多隐匿在荒野山林中，所以，虽然佛教在印度曾一度消失，但石窟却被保留了下来，同时，石窟内高超的雕刻艺术也很幸运地被保存下来。石窟是现在印度保存最完整的佛教建筑类型，为各国学者研究佛史和雕刻艺术成就提供了丰富而珍贵的实物资料。

石柱则是古代印度阿育王时期特殊的佛教建筑构筑物，类似于记功柱的作用，是阿育王宣扬佛教的产物。其顶部的雕刻艺术表现出了当时精湛的工艺，带动了后世雕刻艺术的发展。

阿育王在位期间竭力传播佛教，还派人到周边各国弘扬佛法，真正做到了将佛教发扬光大。印度佛教建筑也随之传播到各国，有些国家将印度式的佛教建筑

1 呼志强.世界建筑文化[M].北京：时事出版社，2010.
2 杨巨平等.走进古印度文明[M].北京：民主与建设出版社，2003.

原原本本的移植到本土，也有些国家则将这些印度佛教建筑结合本土文化发展出新的建筑形式。总而言之，佛教建筑在各国也得到了发展。由于印度本土上佛教的衰退，其佛教建筑也逐渐退出历史舞台，取而代之的是印度教建筑的发展。而佛教传入各国以后，由于佛教的"中道"思想被统治者利用而得到支持，很快便在各国本土被人们所接受并扎根下来。在长期的发展中，佛教文化与各国本土文化结合，使印度佛教真正地融入各种文化中。佛教建筑也融入各个文化体系中，成为很多国家的一种重要建筑形式。

第四章 古代印度佛教六大圣地建筑遗址

第一节　蓝毗尼

1. 历史背景

蓝毗尼（Lumbini）是释迦牟尼的诞生地，全世界最重要的宗教圣地之一。关于释迦牟尼的出生有超过 60 种不同说法，一般认为，公元前 624 年四月初八释迦牟尼诞生于蓝毗尼园的无忧花树下。

蓝毗尼的梵文意译是"可爱"的意思。这里原来是一个美丽的花园，现在是一个小村庄，绿树成荫，景色秀丽。古印度时期，迦毗罗卫国王与邻国公主联姻以谋求和平，这位公主就是现在我们所说的摩耶夫人。据载，身怀龙子的摩耶夫人按传统习俗准备回娘家待产，从迦毗罗卫国王宫出发。由于路途遥远，沿路颠簸，当经过蓝毗尼花园时被花园中的美景吸引而准备在此园沐浴休息，当她用右手攀住花园中的无忧花树时，佛陀释迦牟尼便就此降生人间。

作为佛陀释迦牟尼的诞生地，蓝毗尼成为世界佛教圣地之一，1997 年被选入《世界文化遗产名录》。

蓝毗尼现属于尼泊尔境内，紧邻印度边境。近现代历史上，印度和尼泊尔经常因为蓝毗尼而发生冲突，因为佛祖出生在蓝毗尼，这使得两国至今还对它的归属问题争论不休。

2. 蓝毗尼遗址概况

（1）蓝毗尼的考古发掘

19 世纪时，蓝毗尼还属于印度的管辖范围，此时，印度沦为英国的殖民地，很多学者前往印度进行考古研究。由于《大唐西域记》的英文译本的内容介绍引起的轰动，很多考古学家对佛教的起源产生了极大的兴趣，于是仔细对照书中内容，希望能理清书中所说的与佛陀释迦牟尼有关的重要遗址究竟在印度何处。威廉姆·琼斯（William Jones）就是一位热衷于此的学者，基于多年的研究他取得一定的成就。

1896 年，尼泊尔西部城镇官员卡达·苏珊（Khadga Sumsher）和著名考古学者费赫（A.Feuhrer）博士首先找到了《大唐西域记》中提到的佛祖出生地的阿育王石柱。他们根据玄奘《大唐西域记》中少量的文字信息，通过多方的对比勘察，确认蓝毗尼就是书中提到的佛祖出生地，淹没在荒无人烟之地的蓝毗尼终于露出了它的真容，向世人宣告它的存在和意义。

19 世纪最后一年，印度考古学家 P.C. 穆克吉（P.C.Mukherji）对蓝毗尼作了进一步的考古和发掘。这次发掘有很多新的发现，出土了许多从孔雀王朝开始至笈多王朝时期的珍贵文物，并发现了摩耶夫人庙的遗址。摩耶夫人庙内刻有佛陀出生时的故事的浮雕，虽然庙宇损毁得很厉害，但是浮雕中的人物图像依稀可见。庙前是摩耶夫人沐浴过的水池，呈长方形，水池旁还有棵菩提树，著名的阿育王石柱就位于摩耶夫人庙的西侧。此外，摩耶夫人庙里还发现了印度教的神像，这很有可能是古印度时期佛教被吸纳进印度教之后所作的变化，具体情况已不可查。

1932—1939 年间，考古学家克沙·苏珊（Keshar Sumsher）和 J.B. 拉纳（J.B.Rana）对蓝毗尼园内遗留的断壁残垣进行深入的考古分析，获得很多新发现。

1956 年，尼泊尔王国马亨德拉国王在纪念佛陀涅槃 2 500 年时，提出要对蓝毗尼进行开发，并把倒在地上的阿育王石柱重新竖立起来。

（2）蓝毗尼遗址现状

蓝毗尼位于尼泊尔南部兰毗尼专区的鲁潘德希县，距加德满都约 360 公里，位于尼泊尔南部的特莱平原上，属于热带气候，最高气温可达 50 摄氏度左右。中国高僧晋代法显就经印度来到蓝毗尼，成为访尼外国人士中有真实记载的第一人。唐玄奘在公元 633 年也曾到此朝拜并留下文字记录。

经过多年的发展，蓝毗尼遗址园已不再是处处断壁残垣，园内规划完整、有序。园区内主要分为核心区与新区两大部分。核心区是遗迹所在地，新区包括各国在此修建的寺院和新修的佛教图书馆以及一些辅助功能建筑。

3. 蓝毗尼遗址园整体空间布局

虽然蓝毗尼遗址园内遗迹较少，但因其在佛教史上具有重要的地位，当地政府联合世界各地的佛教组织对此地进行了重新规划与建设。

重新规划后的蓝毗尼遗址园（图 4-1）内，大部分建筑布置在园区中轴线上附近。由南正门开始往北形成三个主要序列的空间，分别是：核心遗迹园、各国佛寺区、辅助功能区。核心遗迹园平面布局呈圆形，外围是一圈很宽的水池，水池中心是一个巨大的顶部透光的方形建筑，方形区域内的正中间坐落着白色的摩耶夫人祠。摩耶夫人庙在 2003 年得到进一步修缮，内部保留着公元前 3 世纪至

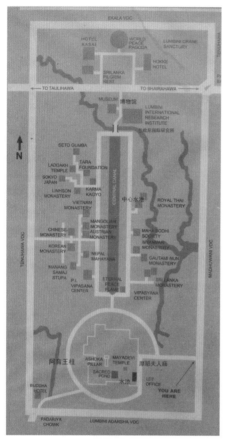

图 4-1　蓝毗尼遗址园总平面图

公元 7 世纪的圣堂基石和一块古老的石头上。石头上雕刻着佛陀诞生的塑像，且轮廓已经模糊不清，但据说是阿育王命人雕刻的，所以今天的朝圣者仍然不断地往雕像上贴着金箔。此外，遗址园内还有讲经坛、菩提树等遗迹，以及一个大脚印，据说是释迦牟尼踩下的。摩耶夫人庙的一侧便是阿育王石柱，这根断裂的石柱被水泥包裹着，巍然屹立，来自世界各地的佛家弟子无不向它叩首膜拜，极其虔诚[1]。各国佛寺区则布置在中轴线道路的两侧，附属功能区建有蓝毗尼研究中心、酒店等。

4. 蓝毗尼的阿育王石柱

玄奘在《大唐西域记》中这样写道："上作马像，无忧王之所建也。后为恶龙霹雳，其柱中折仆地。"[2] 从中可以了解到，阿育王石柱的柱头本是一匹马的造型，被雷劈倒后断裂（图 4-2）。

后来随着佛教在印度的衰败，蓝毗尼逐渐淡出人们的视线范围，直至被人们彻底遗忘。直到 19 世纪末在对印度的考古热潮中学者们重新找到这里。阿育王石柱如今矗立在摩耶夫人庙西侧，柱高不到 8 米，但是柱头上的马头雕像已经找不到了，遗留的石柱上有一道很深的裂痕，人们为了加固它用了三道铁箍分段绑扎。石柱上还有用婆罗米刻的一段铭文，距地面约 3 米的距离，其内容大意是："无忧王于灌顶之第二十年来此朝拜，此处乃释迦牟尼佛诞生之地。兹在此造马像、立石柱以纪念佛祖在此诞生。并特谕蓝毗尼村减免赋税，仅交纳收入的八分之一。"

1 蓝毗尼：佛祖诞生的地方 [J]. 时代发现，2012（06）.
2 Rana P B Singh .Where The Buddha Walked [M].India:Indica Books, 2003.

阿育王石柱的发现对古代印度历史和佛教历史有着重要的意义。首先，古代印度一直缺乏历史记录，而且宗教林立，充斥着各种神话传说，所以石柱上记载的内容中有关时间的记录使得扑朔迷离的神话故事有了具体的年代指正，这让人更明确地认识到佛陀释迦牟尼不是一个传说，而是真实存在的历史人物。其次，阿育王曾经仅仅存在于各种佛教经典和耆那教经典中，人们对于这个人物没有具体的了解，包括他的出生年代和身份以及他的生平事迹。而在这根蓝毗尼园内的阿育王石柱上，考古学家从铭文的内容中找到了阿育王的一些信息，随后，在尼泊尔和印度陆陆续续发现的其他阿育王石柱上，又得到了其他一些零零碎碎的文字记载。综合所有

图 4-2 蓝毗尼阿育王石柱

这些石柱上的铭文内容，阿育王的时代逐渐明朗于世，有关他的记载也越来越多，这些信息为印度史中关于古代印度帝国的兴衰提供了一部分重要的史料依据，尤其是有关阿育王的部分。除此以外，阿育王石柱对蓝毗尼园有着极为重要的意义，因为石柱上记载的铭文明确指出石柱所在地是佛陀释迦牟尼的出生地。随着释迦牟尼出生地的确定，考古学家在此地深入发掘、研究与拓展，逐步确定了佛陀童年居住的迦毗罗卫的大致范围，但也因为资料有限，没有明确的证据证明迦毗罗卫都城的具体位置，所以才导致今天尼泊尔与印度考古学界有关迦毗罗卫都城具体所在地的争议。

5. 其他两根阿育王石柱

其他两根阿育王石柱一根位于蓝毗尼遗址园西北约 21 公里处，另一根位于尼泊尔陶利哈瓦镇（Taulihawa）西南约 5.6 公里的戈提哈瓦村（Gotihawa）边。本书将前一根阿育王石柱称为"A柱"，后者称为"B柱"。

考古学家于1895年发现了A柱（图4-3～图4-5），当时石柱已断裂，仅存两段。其中一段还留在土里，比较短，呈倾斜状态，露出地面部分约有1.5米长，柱上刻有铭文；而另一段则倒在一旁，这段石柱较长，约有4.5米，柱身也刻有铭文。令人遗憾的是，考古学家发现此石柱时并未发现柱头的踪迹。两段柱身上的铭文包含了古印度的历史信息，对古代印度史有着重要的意义。其中一段上刻婆罗谜字体形式，铭文大意是："天爱喜见王在灌顶十四年后第二次扩大了迦那迦牟尼佛塔，并于灌顶二十年后亲自前来礼拜，并竖立此柱。"从这段文字可知，A柱与蓝毗尼遗址园的阿育王石柱立于同一年，即阿育王灌顶二十年后。另一段石柱上的铭文是用天城体字母刻写的六字真言和"祝愿李布·马拉万岁"的字样，共4行，末尾还刻有年份，为尼泊尔沙迦纪年，即1312年，铭文上方有上下两个孔雀图案，孔雀象征吉祥和胜利[1]。两段石柱上记载的铭文，分别用了两种字体，记载着截然不同、毫无联系的两段内容，这说明两段石柱不是同一根石柱上断裂的部分，而是属于两根石柱的，但是由于考古现场发掘出的遗构有限，至今也不能准确解释这两段石柱之间的联系，更没办法找到这两段石柱断裂的其他部分来加以研究。

B柱（图4-6）也是不完整的，仅存3.5米，由于种种原因现已下陷3米。石柱周边是砖砌的一个方形水池，池内有积水。B柱上没有铭文，当地人将它作为湿婆林伽来供奉，但是尼泊尔有很多学者认为这根石柱是玄奘在《大唐西域记》中所记载的迦罗迦村驮佛塔前的一根石柱。但是迦罗迦村驮佛塔前石柱上应该"旁记寂灭之事"，因此B柱还有待考证。

6. 摩耶夫人庙

在历年的考古发掘中，摩耶夫人庙（图4-7）的遗址上已出土的最早的文物有两千多年的历史，摩耶夫人庙遗址整体还应该包括了其西侧的石柱和前面的水池。由于遗址破败不堪，所以在近代印度与尼泊尔等地重建佛教的运动中，这里也被列入了重新修建的计划中。有学者指出，摩耶夫人庙出土的那块雕刻着佛陀出生场景的石块（图4-8）是15世纪时一位国王命人雕刻留下的，当时佛教已被吸纳进了印度教，佛陀也成为印度教的一个神，摩耶夫人则被尊为印度教的天后受到人们的供奉。经过岁月的洗礼，石块现在几乎已被磨平，但你还是能隐约辨

---

1 新疆哲学社会科学网.尼泊尔阿育王石柱考察记——兼谈迦毗罗卫城遗址问题 [EB/OL].http://www.xjass.com/ls/content/2012-03/03/content_223148.htm

图 4-3　A柱

图 4-4　A柱上的铭文和孔雀图案

图 4-5　A柱柱础

图 4-6　B柱

认出摩耶夫人在因陀罗和梵天的注视下，紧紧抓住婆罗树枝生下佛祖的图案。附近的 Bihari 寺内有一块现代的复制品。庙前的池塘据说是摩耶夫人在诞生佛祖之前沐浴的地方。摩耶夫人庙周围有许多砖砌的佛塔和庙宇的废墟，它们的历史可以追溯到公元前 2 世纪至公元 9 世纪。摩耶夫人庙对面有两个小型佛教寺庙：来自尼泊尔木斯塘的朝圣者修建的佛寺和来自印度比哈尔邦的和尚修建的尼泊尔佛寺。

图 4-7　摩耶夫人庙 　　　　　　　　　　　　　　　　　　　　　　　　　图 4-8　摩耶夫人生产场景

第二节　迦毗罗

1. 历史背景

公元前 6 世纪左右，释迦族统治区域的首都便是迦毗罗（Kapilavastu）。唐玄奘在他的《大唐西域记》里称迦毗罗为"劫比罗伐窣堵国"，佛陀时代正值释迦族强盛时期，族人有近百万，分别居住在十座城池里，佛陀释迦牟尼所在的迦毗罗是十城之首。据佛经经典记载，佛陀释迦牟尼的俗家身份是迦毗罗卫国的太子，因此他从小生活于此，在这里娶妻、生子，直到 29 岁时为了寻找真理、摆脱生老病死的轮回而离开，12 年后才重新踏上这片土地。在佛陀释迦牟尼有生之年，迦毗罗卫国就被对手毁灭了，从此以后便颓废不堪。直至佛陀涅槃之后，释迦族得到佛舍利并在这里修建窣堵坡，佛教众徒也随之于此修建寺庙才得以恢复一线生机。不过唐玄奘来此时，这里已经只剩下断壁残垣了，在他的《大唐西域记》中也有相关记载。

2. 迦毗罗遗址概况

（1）迦毗罗遗址的考古论证

对于迦毗罗卫国都城的具体位置众说纷纭，就连 7 世纪到印度的唐玄奘所记载的都与 5 世纪初赴印度的中国和尚法显所记载的不同。考古学者的研究结果也很有争议。康宁汉姆最初认为迦毗罗的具体位置在尼泊尔的巴斯底县南部的那加尔卡斯，之后的研究又让他放弃了这一说法，认为应该是布依拉湖畔的曼苏尔那加尔；1895 年费赫博士在廓拉喀浦尔北部尼格里伐村南 1 英里的尼迦里池发现了一根阿育王石柱，被称为拘那舍佛石柱，石柱上记载的铭文证实，该地为蓝毗尼园的遗址，也为迦毗罗卫的位置提供了证据；史密斯则倾向于位于巴斯底县北部的毗普拉瓦才是迦毗罗卫的遗址所在。

迦毗罗卫的遗址所在一直扑朔迷离，没有一个推断地有确凿的证据，无法服众。但从 1971 年到 1974 年，印度考古学家对印度北方邦饿巴斯底县的毗普拉瓦重新挖掘，出土了古代印度佛教建筑窣堵坡、公元前 5 到前 4 世纪的舍利壶等文物。而其中最关键的出土文物当属几十个刻有婆罗米文的 "Kapilavastu" 字样的封泥，还有一个罐子上也刻有同样的字样，所以，他们认为毗普拉瓦就是真正的迦毗罗卫都城所在。

（2）迦毗罗遗址现状

迦毗罗距离戈勒克布尔大概 97 公里的路程。它与一些重要的城市紧密相连：距拘尸那迦 148 公里、瓦拉纳西 312 公里、勒克瑙 308 公里、蓝毗尼 95 公里。迦毗罗遗址所在地位于今印度边境，距离尼泊尔仅十几分钟的路程。我们在前往迦毗罗的路上，一路颠簸，遗址附近更是一片荒凉，人烟稀少，举目望去竟然没发现一处民居。到达迦毗罗时大概是当地时间下午 1 点半，遗址园内只看见几个苦行僧人坐在菩提树下乘凉，根本没有平民来此园，这里跟鹿野苑相比未免显得太荒凉了。

现在的遗址主要包括两个主体部分：毗普拉瓦（Piprahwa）和迦瓦瑞拉（Ganwaria）。其中毗普拉瓦是最重要的一处遗址，也是出土迦毗罗卫遗址确切证据的所在地；迦瓦瑞拉则是作为毗普拉瓦的附属村落存在的。

3. 毗普拉瓦

上文提到，毗普拉瓦（Piprahwa，图 4-9）就是古代印度史上的迦毗罗卫，也就是佛陀释迦牟尼生长的地方。佛陀涅槃之后，他的遗体被火化并留下八颗舍利骨。据传，其中一颗由释迦族得到，并在佛陀曾经成长的迦毗罗卫修建了原始的窣堵坡来供奉这颗舍利，而传说中的这座窣堵坡很有可能就是现在毗普拉瓦遗址

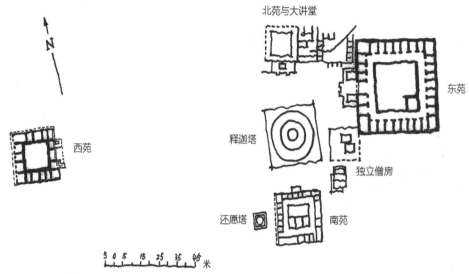

图 4-9　毗普拉瓦总平面图

上的那一座。之后围绕这座窣堵坡陆续修建了一些精舍和讲堂，这里便发展成为最早的寺庙之一。

　　毗普拉瓦遗址上现存的遗迹有：释迦塔、东苑、西苑、南苑、北苑、大讲堂、独立僧房以及还愿塔。从现有规模来看，毗普拉瓦曾经只是一个小寺庙，形成时期很早，最晚在公元 5 世纪以前，因为法显公元 5 世纪初来此地时就已经是一片颓然的景象了。

　　（1）毗普拉瓦的整体空间布局

　　在前文第三章的内容里，就已经论述了印度早期佛教建筑中寺庙的产生背景，所以在这个遗址里，我们能很容易地推测出毗普拉瓦大致的形成过程。这是一个以窣堵坡为中心，毗诃罗式的僧院与大讲堂以及其他附属建筑围绕的寺庙布局。其中，东南西北四苑的开口都是面向释迦塔的。

　　此时的寺庙空间布局很纯粹，窣堵坡代表着佛陀释迦牟尼的存在，也就是众佛教徒心目中的宇宙中心；围绕其布置毗诃罗式的僧院既便于众僧进行个人修行，又能让他们从心里觉得是在佛陀释迦牟尼的光辉之下更容易得到想要的修行成果，早日参悟解脱，同时又能时常供奉佛陀，抒发内心对佛陀的敬仰；大讲堂则便于宣扬佛法，同时也是佛教徒之间集会交流的场所，完成听讲佛法这一佛教基本修炼的内容。小寺庙满足了听讲佛法与个人体悟这两方面的基本佛教修炼功能。

但是，从生活的基本需求来说，这个寺庙似乎尚缺一些功能，比如说厨房。后期的佛教寺庙遗址中可以看到厨房的痕迹，而这里却没有，只有一种解释：众佛教徒的食物来源于周边居民或前来听法的信徒的布施。但是这里地处偏僻，从古时候开始就人烟稀少，所以食物来源比较有限，这也可能是毗普拉瓦的寺庙逐渐颓败、被遗忘的原因之一。

（2）释迦塔

释迦塔（图4-10、图4-11）是毗普拉瓦遗址上最重要的建筑遗存，虽然现在的释迦塔损毁严重，但是其遗存仍保留着当年辉煌的影子，让人联想到它当年的雄伟与壮观。佛陀释迦牟尼涅槃火化后的八个舍利骨之一就供奉在这座释迦塔内。印度佛教建筑窣堵坡就是为了供奉佛陀释迦牟尼的舍利骨而产生的，而毗普拉瓦的释迦塔是最早的窣堵坡之一，可以说其后的窣堵坡即是在这种释迦塔的基础上发展起来的，例如桑契大窣堵坡。

据考古挖掘，毗普拉瓦的释迦塔初期规模没有现在的大。释迦塔的建造分三个阶段。1971年的考古发掘证实，该塔始建于公元前5世纪，也就是佛陀涅槃时期，其后经历了两次扩建。

第一阶段的建设比较粗糙，这时期的建设基于古代印度的坟包的形象，用泥土堆出一个坟墓形状的土丘，并在土丘顶部中心位置，以烧砖砌筑两个砖室来供奉佛陀舍利骨。北部砖室内有一个精美的滑石制的舍利壶（图4-12）和两个碟子，

图 4-10　释迦塔

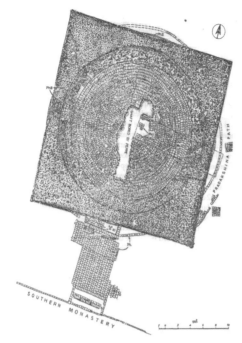

图 4-11　释迦塔平面图

图 4-12　舍利壶

舍利壶高 12 厘米，上面用婆罗米体刻着铭文："这是释迦族的佛陀释迦牟尼的舍利子容器，是尊贵的兄弟姐妹和妻子们（奉祀）的。"南部地砖室内也有一个类似的舍利壶，比北室的略大一点，高 16 厘米，还有四个碟子。舍利壶内都有佛陀释迦牟尼的舍利骨，壶上刻的铭文记载了时间、地点和内容，这也是专家们认定毗普拉瓦为迦毗罗卫的依据之一。

　　第二次的建设是在第一次建塔约 150 年后。这一次建设先将原来的佛塔砌平，然后才在之上加建佛塔（佩普发现的舍利壶上镶嵌着一块砂岩，砂岩上刻有铭文记载此事）。这相当于在原来的佛塔之外再包了一层，其目的可能有两个：一是因为原来的佛塔外表是土壤，一百多年后表层风化或有塌陷，所以为了修补而进行了第二次建设；二是阿育王为了彰显自己的虔诚而进行了修建，因为从时间上来看，这一时期正是阿育王执政期，相关佛典记载了阿育王曾朝拜与佛陀释迦牟尼相关的圣地，大肆修建佛教建筑，当年的 8 份佛陀舍利骨取出分成 84 000 份，于全国各地修建窣堵坡。所以我们推测，阿育王很有可能对此地的覆土佛塔进行加建。据考古人员勘查这一时期的佛塔圆顶直径达 19 米，高 1.52 米。

第三阶段，也是最后一次修建，即我们现在看到的遗址的规模。这一次将原来的圆形基础改建成了方形，尺寸约 23.5 米见方，高 1.16 米。佛塔的方形基座上，每隔 80 厘米就有一个长方形壁龛作为装饰。从现在的遗址上可以清晰地看出壁龛的痕迹，只是壁龛内无任何其他装饰。此次的圆顶直径达 23 米，比第二次实体大很多。佩普在这一层中也发现了一个舍利壶，遗憾的是舍利壶已经粉碎。

毗普拉瓦的释迦塔在古代印度佛教建筑史上有着很重要的地位，一方面是因为它内部还保存着佛陀释迦牟尼的舍利骨；另一方面，它是印度佛教建筑中最早的窣堵坡之一，为之后窣堵坡的发展提供了原型。从这座释迦塔的三次建造中可以看到了一个普遍现象，人们通常称之为"洋葱效应"，顾名思义，就是说对一个建筑或建筑结构多次加建，一层包裹另一层，最后从原来一个小体量的建筑结构变成一个大体量的存在。

（3）东苑及独立僧房

东苑（图 4-13、图 4-14）位于释迦塔的东侧，平面尺寸为 44.10 米 × 42.70 米，近似于正方形，采用围合的院落空间形式。东苑的主入口面向释迦塔，使得僧众一出苑门便能看见释迦塔，体现出对佛陀释迦牟尼的尊崇，以及"一心向佛"的佛教价值观。

从空间布局上看，东苑采用围绕中心庭院四周均匀修建房屋的布局形式，这种空间布局类似于中国的四合院，可以使每个房间都具有较好的通风和采光效果。主入口处是一个"凹"字形的平台（图 4-15），从"凹"字形的两个凸起部分踏步而上。进入平台后两侧各有一个封闭的密室，密室有何作用不得而知，或许只

图 4-13　东苑

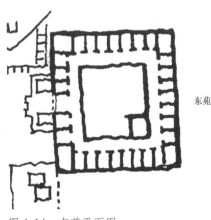

东苑

图 4-14　东苑平面图

图 4-15　"凹"字形凸起一侧台阶　　　　图 4-16　中心庭院的僧房

是为了入口的造型做的一个粗壮的类似于空心柱的结构。中心庭院是一个边长约21.80 米的正方形，其四周 2.70 米宽的走廊形成一个良好的遮风避雨的空间，便于交通，适应于该地炎热而多雨的气候，是印度佛教建筑最常见的僧房建造形式。地面由夯土砖和石灰砂浆砌筑而成。中心庭院的东南角有一个比周边房屋大一点的方形遗址，有的学者认为这是一个储藏室，但是笔者认为这是一个修行的房间（图4-16），而且是给比较有地位的佛教徒使用的。这个东苑的布局类似于古印度时期的"曼陀罗"形式，而曼陀罗的中心代表着宇宙的中心，所以中心庭院的房间更能吸收宇宙的精华而有利于修行。

　　有学者认为，毗普拉瓦遗址中除了中心的释迦塔，其余都是迦毗罗卫王宫遗址，笔者不这样认为。首先，从这些遗址的平面尺寸来看，每个房间的空间过于狭小，不符合王宫建筑的特点，且这种重复的小空间单元更像是毗诃罗的空间形式，适合僧侣修行之用；其次，这里没有厨房等辅助用房的痕迹，不太符合王宫的功能要求。所以，笔者认为，除了释迦塔以外的遗址并非王宫遗址，最多曾经为王宫所在，不过随着释迦牟尼涅槃以及释迦族的没落，这里被改建了。正如释迦塔内出土的舍利壶上文字所记载的，这里是释迦族为释迦牟尼修建的舍利塔，而周边的建筑遗址就是佛教发展所修建的精舍。

　　东苑入口附近有一构造类似于下水道（图 4-17），它穿过整个东苑最后从东北角而出。对于它的功能，有人认为是小便池，但它很可能只是排水系统，因为印度地区有三个月的雨季，雨季的雨量很大，而中心庭院地面标高高于整个东苑的室外标高的布局是很不利于排水的，下水道正好可以解决这个不利因素，在其

图 4-17　东苑的"下水道"　　　图 4-18　独立僧房

他寺院也有同样的排水系统。

　　东苑的西南角有两个独立僧房（图 4-18），据考古研究，这很有可能是寺内比较有地位的僧人的独立修行之所。靠近东苑的僧房约有 10 平方米，由两个小房间组成，南侧房间的入口在西侧，也朝向释迦塔。

　　（4）南苑与还原塔

　　南苑（图 4-19、图 4-20）的保存情况较差，东侧和南侧的僧房风化比较严重，

图 4-19　南苑鸟瞰图　　　　　　图 4-20　南苑平面图

遗址上已看不出房间隔断的痕迹了。南苑的布局与东苑基本类似，也是围合的方形平面布局，整个僧院的边长约 24 米；主入口在北侧，朝向释迦塔。但是它有两条走廊与同一时期的僧院略有不同。南苑的南面有一条南北向的 25 厘米宽的下水道遗迹，其作用应该也是生活排污及雨季排雨水。

南苑的西侧还有一个比较小的还愿塔遗址（图 4-21），从这个遗址上已经不能看出塔的形式了，只能测量出塔的直径为 4.8 米，塔的基座为正方形，边长约 7.5 米，高 0.6 米。目前还愿塔中心塔身位置下沉，只能从塔身周边的方形基座围合出的圆形空间，才能辨认出塔身位置所在。

（5）西苑

西苑（图 4-22 ~ 图 4-24）在释迦塔以西 100 米的位置，是毗普拉瓦遗址内距离释迦塔最远的一个僧院。西苑的保存情况最差，如图 4.24 所示的虚线部分现在已不存，从图 4-22、图 4-23 中可以看出，整个西苑比较完整的部分是它的中心庭院，僧院外墙已彻底风化没有一点痕迹了。西苑也为以庭院为中心的正方形布局，从已经风化掉的外墙算起，边长 25 米，其整体空间布局与南苑相同。

（6）北苑与大讲堂

北苑与大讲堂（图 4-25、图 4-26）位于释迦塔的北侧，与东苑紧邻，但其规模比东苑要小很多。北苑与大讲堂是连在一起的，大讲堂位于北苑西侧。

北苑也是院落式的空间布局形式，但从遗址上来看，没有内院回廊的痕迹，只有一条水渠贯穿内院。北苑损毁情况较为严重，在后期用砖块把缺失的边界围合起来，形成今天所能看到的完整院落。

图 4-21　还愿塔遗址

图 4-22　西苑（一）

图 4-23　西苑（二）

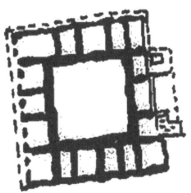

图 4-24　西苑平面图

图 4-25　北苑与大讲堂

图 4-26　北苑与大讲堂平面图

　　大讲堂的主入口朝南面向释迦塔，它的中心也是一个院落的形式，但是从功能上来看，大讲堂的中心院落才是主要的使用空间，供这里的佛教僧人讲法之用，也是相互交流佛法的场所，属于公共空间。

　　大讲堂与北苑之间还有一些建筑的痕迹，从形式上推测其为附属建筑，其功能很有可能是厨房。因为水渠是从这里开始经过北苑穿过其院落通到外面的，而且整个毗普拉瓦也没有其他看起来像是厨房的空间。若假定这里是厨房，它与大讲堂相连都可属于精舍以外的公共空间，也是说得通的。

4.迦瓦瑞拉

迦瓦瑞拉（Ganwaria，图 4-27）位于毗普拉瓦西南方向，考古学者研究认为，这里是毗普拉瓦作为佛教活动中心时期的一个住宅区，并将迦瓦瑞拉的发展分为四个阶段。第一时期是代表传统灰黑色细抛光瓷器与陶器的时期，第二时期被认为是与佛陀释迦牟尼有关的北方黑陶磨光时期，这里出土的房屋烧砖材料就是这一时期的。迦瓦瑞拉的发展期是第三时期到第四时期。随着考古的不断发掘，最终有学者认为此地是迦毗罗卫时期的宫殿遗址所在，考古发掘期间还在这里发现了很多其他的建筑类型，如僧院（图 4-28）、学校（图 4-29）、水池（图 4-30）、还愿塔（图 4-31）等。

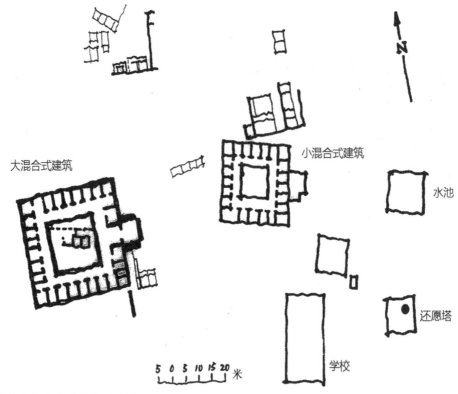

图 4-27　迦瓦瑞拉总平面图

图 4-28　僧院

图 4-29　学校

图 4-30　水池

图 4-31　还愿塔

　　迦瓦瑞拉的遗址上有两个比较重要的建筑遗址——大混合式建筑和小混合式建筑。这两个建筑遗址保存都比较完整，空间布局也很类似。大混合式建筑由两部分组成：建筑主体部分（图 4-32）和建筑附属部分（图 4-33）。大混合式建筑的主体部分为 38 米见方的正方形，其中心庭院也有 16.7 米见方。考古研究发现，这本是一个 25 个房间组成的住宅，可是后来又加建了一个房间（图 4-34），其地面抬高了约 1.8 米，为了能顺利进入这个房间还特意在外围加建了一个单坡道（图 4-35）。有学者认为这个房间是给一个比较有地位的人的，这种说法有一定的可信度，因为这个房间比其他房间的地平面高很多，有一种居高临下、俯瞰众生的感觉。大混合式建筑中也有排水沟。

图 4-32 大混合式建筑主体部分

图 4-33 大混合式建筑附属部分

图 4-34 大混合式建筑加建的一个房间

图 4-35 加建房间上下的坡道

　　小混合式建筑也有排水沟（图 4-36），与大混合式建筑相比，小混合式建筑（图 4-37）的规模要小很多。其平面布局也是以方形庭院为中心，围绕中心庭院布置房间。中心庭院内有一口井，符合生活的基本需求，便于生活取水。

5. 尼泊尔的迦毗罗

　　（1）尼泊尔迦毗罗遗址概况

　　自从尼泊尔的拘那含佛石柱被费赫博士发现以来，佛祖释迦牟尼的出生地被锁定在蓝毗尼，而从石柱上的铭文中可以大致判断他童年的居住地迦毗罗卫都城也在蓝毗尼附近。蓝毗尼附近的另外两根阿育王石柱上记载了一些类似的信息。从这三根石柱和玄奘以及法显的记载中我们可以大致判断：迦毗罗卫国就在蓝毗尼附近，现在已被发现的印度边境的毗普拉瓦和尼泊尔边境的提劳拉科特

图 4-36　小混合式建筑的排水沟

图 4-37　小混合式建筑

(Tilaurakot) 都属于迦毗罗卫国的地域范围，而且都城就在其中一处；但是，我们仍无法从这些有限的书面资料和考古发掘的遗迹中精确判断迦毗罗卫都城的具体位置，考古界至今对毗普拉瓦和提劳拉科特的都城定性问题存在很大的分歧和争议，这一判定也深切地关系到印度和尼泊尔两国的名誉以及利益。

提劳拉科特（图 4-38）位于陶利哈瓦 (Taulihawa) 以北约 3 公里、蓝毗尼以西近 28 公里处，陶利哈瓦是尼泊尔中部地区德赖平原的总部。提劳拉科特的东、北、南三面环绕着农耕地和覆盖茂密丛林的土丘，地处荒芜。

提劳拉科特古城平面略呈平行四边形，城内地势起伏，至今其四周城墙遗址仍保留较为完整，可以清晰地看出古城的边界范围和规模。古城墙外围的护城河仍在。从城墙遗址来看，提劳拉科特古城约有 286 395 平方米的范围。古城内主要有四片遗址区域：东城门遗址区、西城门遗址区、宫殿遗址区、现代寺庙遗址区。除此以外，在古城北侧稍远处还有一对佛塔遗迹，通常被称为"双塔"。其中，现代寺庙遗址区内主要是一个简易的印度教小寺庙和一处遗迹不清晰的 16 面佛塔，本节主要介绍城内其他三片遗址区域以及城外的双塔。

（2）东城门遗址区

东城门遗址区（图 4-39、图 4-40）主要包括一部分城墙遗址和一些城墙附属建筑物遗址两部分。另外，在城墙附属建筑物遗址北侧还有一个大水池。据说，当年释迦牟尼抛下一切荣华富贵远离宫廷时就是从东城门出走的。

从遗址现状来看，东城门城墙是用砖砌而成，城外连接一条宽 19 英尺（约 5.8 米）左右的道路。原本遗址上仅存很少的一部分墙基，经考古发掘认为这里很有

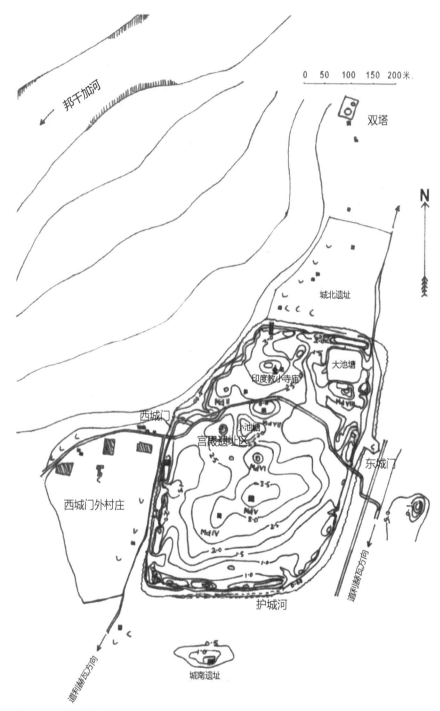

图 4-38 提劳拉科特总平面图

图 4-39　东城门遗址区

图 4-40　东城门出入口

图 4-41　西城门遗址区

图 4-42　宫殿遗址区

可能就是迦毗罗卫国都城旧址，而这些城墙遗迹所围合的范围就是都城的范围。其后，尼泊尔便将此地作为迦毗罗卫国都城保护起来，也在原来的城墙遗迹上又略加修建，因此，现在所看到的城墙有 1 米左右的高度。

（3）西城门遗址区

西城门遗址区（图 4-41）主要是一部分城墙遗址以及附属建筑。西城门外也是 19 英尺宽的道路，城门两侧是类似于门卫的附属建筑。

（4）宫殿遗址区

宫殿遗址区（图 4-42）位于提劳拉科特古城的中心偏西的位置，距离西城门比较近，主要是由一小片建筑遗址群和一个较小的水池组成。宫殿遗址规模很小，与我们所认知的规模宏大的宫殿有着很大的区别，这也有可能是因为在释迦族遭到入侵时宫殿被毁的缘故，现在的遗址可能只是遗存下来的一小部分。

图 4-43　父亲塔　　　　　　　　　　　　　图 4-44　母亲塔

（5）双塔

双塔位于尼泊尔迦毗罗卫都城城北，一大一小两个。据说两座塔是为纪念释迦牟尼父母而建的，大的名为父亲塔（图 4-43），小的名为母亲塔（图 4-44）。

第三节　菩提伽耶

1. 历史背景

菩提伽耶（Bodh Gaya）是佛陀释迦牟尼的成道地，也就是参悟佛法得到真理的地方，是佛教最重要的圣地之一。关于释迦牟尼如何在此悟道的传说有很多，但流行最广的是如下所说的记载。

当年释迦牟尼脱离迦毗罗卫国王宫，从此以后过着苦行的沙门生活。佛陀在菩提伽耶附近的森林里苦修了六年，最终身形消瘦，快要支撑不住了。某天当他到尼连禅河准备沐浴之时，身体疲惫不堪，支撑不住，最终在河岸边昏迷不醒。有个牧羊女叫苏加达，当天正好经过尼连禅河，看见了昏迷不醒、面如枯槁的释迦牟尼，就将随身携带的羊奶喂给了他，佛陀释迦牟尼喝过羊奶之后便清醒了过来。这件事情让苦修六年而不得果的释迦牟尼看清了一件事儿：一味地苦行根本不能得到自己想要寻找的真理，反而使身体得不到食物而垮了，就算最终参悟真谛也没有一个好身体来度化众生，这跟婆罗门一味地乐行而终不能得到真理的结果是一样的。

于是释迦牟尼放弃苦行，在菩提伽耶的一棵菩提树下坐定冥想。他花了连续七天时间终于明了世间之事，发现真理，也就是佛陀所求的解脱之道。为了能进一步将所得真理理解消化，佛陀又在这里修行了七七四十九天。

　　菩提伽耶作为佛陀释迦牟尼的成道地，在佛陀涅槃之后，这里便成为最重要的佛教圣地而不断发展。那棵佛陀于其下悟道的菩提树则成为菩提伽耶的中心，在很长一段时间内，菩提伽耶不断向外扩展，形成很大的规模。佛陀悟道之地在佛教中也被认为是宇宙的中心而受到世界各地的佛教徒的朝拜。

2.菩提伽耶遗址概况

　　菩提伽耶（图4-45）在古代印度的摩揭陀国境内。摩揭陀国是古时候印度的十六大国之一，它的范围包括了比哈尔邦的巴特那和伽耶市。佛陀释迦牟尼在世时的主要活动范围都在摩揭陀境内，所以摩揭陀国在那时候一直是佛教圣城。中国和尚法显到达印度之时正值笈多王朝的黄金时代，法显和尚和唐朝的玄奘都对摩揭陀国有所记录，从他们的描述中可以看出：当时的摩揭陀国与周边国家相比属于大国，人民生活富裕，社会风气也很好，佛教徒人数相对其他地区比较多，主要学习的是大乘佛教。

　　菩提伽耶在现在的伽耶市，周边交通方便。菩提伽耶遗址园内现存最重要的遗址是摩诃菩提大塔、成道菩提树、金刚宝座以及许多大大小小的还愿塔，今天见到的那棵成道菩提树不是当年佛陀释迦牟尼成道时的那棵原物，而是从斯里兰卡的阿努拉德普勒的圣菩提树上折下带回的树枝培育而成的，而圣菩提树却是利用当年佛陀成道的那棵菩提树折下培育而成的，这样算起来算是佛祖成道菩提树的直系后代。园内还有佛陀与龙王牟差林达池以及另一些小建筑。菩提伽耶园附近有很多其他国家的佛教徒修建的新寺庙，例如中国的、日本的、泰国的等，其中中华大觉寺离菩提伽耶最近，这些寺庙经常会接受各国的佛教信徒挂单，寺庙内都是按佛教的日常生活安排的。

　　从遗址现状来看，摩诃菩提大塔及其周边的还愿塔等所在的核心区域地势比周边低很多（图4-46），周边地势是后来用土堆出的，是为了防止雨季洪水泛滥淹没摩诃菩提大塔。

3.摩诃菩提大塔园的空间布局

　　关于摩诃菩提大塔园（图4-47）有这样一段描述："……登山供菩提树。其菩提树周垣砖垒，以崇固之。东西阔，周五百五十步。奇树名花，连荫列植。正

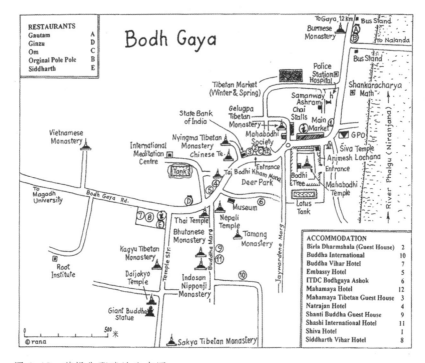

图 4-45　菩提伽耶遗址分布图

图 4-46　摩诃菩提大塔与周边环境的高差关系图

门东开，对尼连禅那河，南门接大花池，西厄险固，北门通大寺……树垣正中金刚座者，贤劫初成，与大地俱，大千界中，下极金轮，上至低际，金刚所成，周百余步。"[1] 这里所提到的内容正是摩诃菩提大塔及其周边环境的介绍。将这段文字与现在的摩诃菩提大塔周围的环境对照来看，在我国唐朝时候，这里就已经形成这样的规模形制了。

摩诃菩提大塔及环绕其周边的还愿塔等是现在菩提伽耶遗址园的核心区域。从19世纪末开始，随着菩提伽耶遗址的发掘和修复，遗址核心区域周边也不断被整理出来，相对于摩诃菩提大塔的重要性，周边其他遗址的地位便不那么突显了。

摩诃菩提大塔所在的核心区域是下沉式的方形平面（图4-48），可以将其看做一个方形大庭院。摩诃菩提大塔处于庭院的中心位置，由一圈古老的石围栏（图4-49、图4-50）环绕出一条转经道。这种由石围栏环绕而成的转经道形式上不同

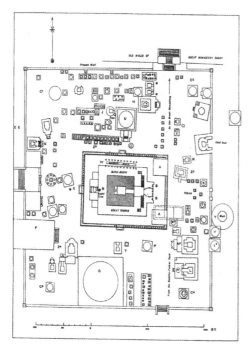

图 4-47　摩诃菩提寺平面图

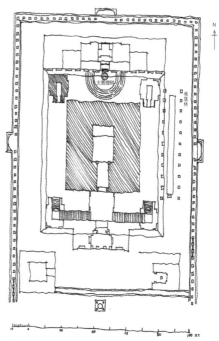

图 4-48　摩诃菩提大塔平面图

---

1 （唐）道宣.释迦方志[M].上海：上海古籍出版社，2011.

图 4-49　石围栏（一）

图 4-50　石围栏（二）

图 4-51　还愿塔林

图 4-52　还愿塔

于普通的砖铺转经道，不仅从功能上满足了佛教信徒的转经需求，更形成了一个较封闭的中心小庭院空间，从意境上营造出一种庄严神圣的氛围。

　　大庭院内围绕摩诃菩提大塔有很多大大小小的还愿塔（图 4-51、图 4-52），分布在大庭院内各个角落。大塔北侧的还愿塔比较集中，布置得也比较有秩序性：大多数是成列平行于大塔北侧石栏。

　　园内还有一些类似于摩诃菩提大塔形制的小塔遗址（图 4-53），大小不等。这些方形佛塔遗址所显示出的主立面大多都是朝向中心摩诃菩提大塔的。这种朝向中心大塔的做法正是印度佛教寺庙中常用的布局模式。

　　佛陀释迦牟尼成道的菩提树就在摩诃菩提大塔的后面，整个园内除了这棵树外，还有很多后来加植的菩提树。园内经常会有从世界各地赶来朝拜的佛教信徒，无论其派别与国籍，均虔诚参拜，感受佛陀释迦牟尼圣洁的光辉。佛塔四周、菩提树下、佛陀弟子，信仰使菩提伽耶遗址园充裕着浓浓的佛教气息。

图 4-53　与摩诃菩提大塔相似的小塔

　　各国佛教徒以摩诃菩提大塔为中心，在菩提伽耶遗址园周围修建寺庙。总体布局看起来比较混乱，但以佛塔为中心，形成众星拱月之势，便于僧众在各寺庙内修炼佛法，这种布局与原始佛教时期围绕窣堵坡修建毗诃罗的做法和意愿是一致的。

　　从摩诃菩提大塔园的空间布局分析中可以看出，无论从总体布局还是从细节来看，整个大塔园内方方面面都遵循着以摩诃菩提大塔为中心的布局模式，体现佛教弟子对佛陀的崇拜与敬仰之情。

4. 摩诃菩提大塔

（1）摩诃菩提大塔的发展概况

　　菩提伽耶自古至今都是很重要的一个佛教圣地。起初这里是没有寺庙的，佛陀于一棵菩提树下悟道，因此佛陀释迦牟尼在世之时，这棵成道菩提树就被奉为圣树，佛陀弟子用围栏将树保护起来。佛陀涅槃之后，佛教弟子在这棵菩提树周围修炼，并在周边修建精舍。直至阿育王时期，阿育王下令全国建造窣堵坡并立石柱记录佛陀事迹，菩提伽耶则是其中之一。

　　起初摩诃菩提大塔（图 4-54、图 4-55）的形制并非如现在我们所看到的样子，而是圆形的佛塔，呈覆钵形。巽加王朝时期在原来的基础上重建大塔，重建之后的大塔比原来的高大，据相关佛典记载，摩诃菩提大塔很有可能是当时最大的佛

图 4-54　摩诃菩提大塔修复前　　　　　　图 4-55　摩诃菩提大塔修复后

塔了。据《大唐西域记》卷八记载："地狱南不远有窣堵坡，基址倾陷，唯余覆钵之势，宝为侧饰，石作栏槛……"[1] 现在所看到的摩诃菩提大塔始建于七八世纪，当时就已经是上部尖细的形式。由于佛教在古代印度地位日趋下降，取而代之的是婆罗门势力，而当时佛教中渗透了一些密教等外教的因素，佛教建筑艺术也受到密教和婆罗门艺术的影响，这座摩诃菩提大塔的建造就处处渗透着繁复的艺术风格。12 世纪时，穆斯林破坏各地佛教建筑，菩提伽耶的居民为了使摩诃菩提大塔躲过这场灾难，动员周边能找到的人，到附近挖掘泥土和石块并搬至此地，将整座塔掩埋，伪造成一座土丘的样子。之后的漫长岁月里，大塔渐渐露出。直到 19 世纪末考古学家康宁汉姆根据玄奘大师《大唐西域记》内的相关内容，找到了菩提伽耶圣地，这才对此地进行考古研究，使得大塔重见天日，震惊世界。

（2）摩诃菩提大塔的修复运动

13 世纪后，摩诃菩提寺基本没有加建，而是受到伊斯兰教的严重打压成为废墟。1811 年弗朗西斯·布坎南·汉密尔顿访问菩提伽耶时，寺庙已破败不堪。由于缺乏建筑材料，周边地区的城镇建设就取用破败的寺庙中的建材，尤其是砖石材料被拆下来很多，甚是可惜。19 世纪开始，缅甸的一些和尚前往菩提伽耶，并回购了一些相关的建筑用材，于 1877 年对菩提伽耶被破坏的建筑进行翻修。缅甸和尚的举动促使了英国政府在 19 世纪 80 年代对菩提伽耶遗址进行修复工作。不幸的是，在这场修复运动中，囿于时代的各种因素所限，囿于 19 世纪时代本身的局限性，菩提伽耶原址上的很多建筑还是被完全拆除了，一些雕刻塑像之类也都被移动了位置，使得摩诃菩提寺没能恢复到最原始的状态，这是一大遗憾。

19 世纪末，随着菩提伽耶现场的修复建设，有一位叫埃德温·阿诺德的先生写了一篇关于菩提伽耶的著作，他在著作中把释迦牟尼称为"亚洲之光"。从此以后，摩诃菩提寺的重要性引起了世界各国学者和佛教弟了的关注。1891 年，在阿诺德先生著作的影响下，斯里兰卡的出家人来到此地为摩诃菩提寺护法一生，从印度教手里争取了摩诃菩提寺的佛教拥有权。自 1953 年以来，比哈尔邦菩提伽耶寺管理委员会接管了这个寺庙，并作为对外的形象发言人，在寺庙的保护和维修工程中取得了巨大的成就。现有的主体建筑已被修复，摩诃菩提寺得以恢复了昔日的辉煌。

（3）摩诃菩提大塔现状

摩诃菩提大塔是菩提伽耶遗址园内最重要的佛教历史建筑，保存状况较好，仅有局部损毁，经过近几年的修复，如今已经相当完整了。这座大塔整体呈四方锥的形式，采用金刚宝座塔的样式，总高约 50 米，整体形象古朴壮观，周身刻着很多佛雕像（图 4-56）。此塔主入口面向东方，入口前有一座布满雕刻的石牌坊（图 4-57），样式古朴。塔内有一座金色的佛像（图 4-58），颇具威严。

金刚宝座塔下面一个方形的高高的基座上，包括五个密檐塔，一个在中央，比较高大，四角各有一个（图 4-59），相对于中间的那个比较矮小。佛经里说，佛陀释迦牟尼悟道所坐的地方就是宇宙的中心，叫金刚界，下面与地极相连。金刚界又叫须弥山，也叫妙高山。须弥山有一个主峰，四个小峰，代表金刚界的五部，各有一佛，中央则是大日如来佛，东部是阿众佛，南部是宝生佛，西部是阿弥陀佛，北部则是不空成就释迦佛。金刚宝座塔就是这座须弥山的模型。摩诃菩提大塔的

图 4-56　摩诃菩提大塔塔身佛雕像（一）

图 4-57　入口石牌坊　　图 4-58　摩诃菩提大塔塔身　图 4-59　类似主体的四小峰
　　　　　　　　　　　　　佛雕像（二）

　　五座密檐塔密集成簇，主次分明，四角的塔比中间的塔矮很多，整体轮廓挺拔简洁，有一种很强的向上的动势，十分有力。大塔在小塔的映衬下，显得更加高大。虽然表面覆满了各种雕刻，但又不损害形体的整体几何性。

　　这座塔受到了印度教庙宇的影响，太过于追求象征意义和高耸的造型，失去了原始的佛教窣堵坡的雄壮浑厚的感觉。金刚宝座塔的形式也随着佛教传入了中国以及其他几个国家，并衍化出了很多不一样的作品，结合地方特色，使这种塔的形式越来越复杂（图4-60～图4-62），象征意义也越来越细化。

5. 大菩提树

大菩提树（图4-63）在摩诃菩提大塔的后面，是佛陀释迦牟尼入定冥想之地，也正因为这棵菩提树具有的特殊意义才有了后来摩诃菩提大塔的建立。这棵菩提树其实并不是原先那棵，因为菩提树树龄只有几百年，它是后来从斯里兰卡的一棵圣菩提树上折下的树枝重新培育而成的，斯里兰卡圣菩提树则是从佛陀入定时的菩提树上折枝栽培而成的。

玄奘的《大唐西域记》中记载，每逢月圆的时候（4月—5月），来自印度各地的数千人会聚集在菩提伽耶，用有香味的水和牛奶浇灌菩提树根，播放音乐和散堆花，以此来滋养菩提树。

虽然这棵菩提树只是原来那根的直系后裔，但是这并不影响人们对它的崇拜之情。且不说自古以来，印度民众就有对菩提树的原始崇拜之传统，就它所在的位置是佛陀悟道之处这一点已足够世界佛教徒将此地奉为圣地。

图4-60　塔身细部（一）

图4-61　塔刹细部

图 4-62　塔身细部（二）　　　图 4-63　大菩提树

第四节　鹿野苑

1.历史背景

关于鹿野苑（Sarnath）名称的由来有很多种说法，鹿野苑又称鹿苑、仙园、仙人住处，在众多传说中，最有名的是鹿王代怀孕的母鹿受死的故事：

佛陀前世为鹿王，统领着一大群鹿。有一天，一位国王出城狩猎，鹿群受到围捕四处逃散，遭遇重创。鹿王不忍心看见这种残忍的情形，于是只身来到城内，面见国王，并与国王达成协议，每天只要供奉一头鹿就能免掉围捕之忧。鹿王回去后告诉鹿群这个消息，大家自觉排好了去受死的日子。当有一天轮到一只怀孕的母鹿前往城内受死时，鹿王实在不忍，便代她前往。最后国王深受感动，下令全城从此以后再也不许伤害鹿群，并为他们修建鹿苑，供鹿群休憩使用。

当佛陀在菩提伽耶悟道成佛之后，便起身步行前往鹿野苑，想要找到之前跟他一起修行的五位苦行者。当到达贝拿勒斯（Banaras）的时候，天还很早，他先沐浴、吃斋，然后就从城东门出发一直往北走，前往鹿野苑。在鹿野苑佛陀找到了当初的五位苦行者，并在鹿野苑进行了第一次转法轮，佛教史上称之为"初转法轮"。第一次转法轮集齐了"佛、法、僧"三宝，所以也被认为是佛陀释迦牟尼真正创教的标志性事件。这五人则是五比丘，最终在佛陀释迦牟尼的教导下成为罗汉。在接下来的雨季中，佛陀在鹿野苑的根本香室精舍修行讲道。后来，僧团扩大，佛陀派遣他们到各地去弘扬佛法。从佛陀时代开始，印度寺院的传统就在鹿野苑持续发展了将近1 500多年。

2. 鹿野苑遗址概况

（1）鹿野苑发展概况

在众多遗址中，考古学家发现的最早的遗迹可以追溯到公元前260年。而现有的刻有阿育王题词的石柱，即追溯到那个时候，这意味着在阿育王统治时期（前273—前232）这里就已经有一座寺庙。公元前2世纪的巽加（Shunga）时期的雕花栏杆石柱遗迹也在这里被发现。随着1—2世纪的贵霜(Kushana)王朝的到来，鹿野苑作为艺术中心蓬勃发展达到空前的繁荣，甚至可以与马图拉艺术学校相媲美。从笈多王朝开始鹿野苑作为佛教艺术的重要基地，制作精致的砂岩佛像。中国朝圣者法显和尚（约405）对旃陀罗笈多二世（Candragupta Ⅱ）（376—414）时期的精美艺术就有过描述，其精美和神圣让人感叹。塞建陀笈多（Skandagupta）（455—467）在位期间，鹿野苑已经蓬勃发展，但是后来被胡纳（Huna）所破坏。鹿野苑后来成为佛教正量部的一个中心，但在鹿野苑也发现了一些古迹表明佛教的金刚乘在此地也有过传播。阿育王在位期间鹿野苑快速地发展，但是后来被破坏；在8世纪的时候又再次蓬勃发展，直到1017年加兹尼的马哈茂德摧毁了大部分的佛塔，1033年艾哈迈德尼尔厅又将其破坏。然而，加哈达瓦拉（Gahadavala）的一位国王在位期间，他的妻子鸠摩罗提篦（Kumaradevi）是信仰佛教的，在他妻子的支持下重修了这个小镇。重建时的纪念碑被保存了下来。鸠摩罗提篦还在鹿野苑修建了一个大型的寺庙。这可能是最后在这里出现的壮丽的佛教建筑。12世纪后期，鹿野苑遭土耳其穆斯林的劫掠，建筑被严重破坏。1567年莫卧儿（Mughal）皇帝阿克巴（Akbar）为了纪念自己的父亲，在被摧毁的其中一个佛塔遗址上修建了一个八角塔。他的父亲胡马雍（Humayun）1532年参观了鹿野苑并在那里住过一段时间。之后，1793年，辛格为了修建市场将鹿野苑破坏以获取建筑材料。

（2）鹿野苑遗址现状

鹿野苑，位于印度北方邦瓦拉纳西以北约10公里处，是释迦牟尼成佛后初转法轮处，佛教的最初僧团也在此成立。鹿野苑是印度佛教的四大圣地之一，每年吸引了世界各地的佛教信徒前去朝拜。

在玄奘的《大唐西域记》中也有与鹿野苑有关的描述，其中记录了一座位于鹿野苑之南的塔：在一个大土堆上（当然也有可能是它的遗迹），有一个八角形的穆斯林结构的建筑物，现在被称为乔堪祇塔。

现在的鹿野苑显然比迦毗罗发展得好，一方面是因为其优越的地理位置，另一方面是因为鹿野苑从古至今都是在一个比较良好的状态下不断发展和扩建的，所以鹿野苑遗址上的遗迹很多。21世纪以来，印度发展佛教文化旅游，鹿野苑也吸引了很多游客。离鹿野苑遗址公园不远处还有很多其他国家的佛教徒修建的寺庙，例如缅甸佛教寺院、中华佛寺、日本法轮寺等，其周边还有很多佛学院。

现存遗址上最重要的建筑遗址是达美克塔，其次还有法王塔、乔堪祇塔以及好几片佛塔林。鹿野苑遗址上还有很多精美的砖雕和石雕，虽已残破却很精彩。印度现在所使用的国徽图案就源于鹿野苑出土的阿育王石柱顶上的雕刻，这个柱子的下半段还留在鹿野苑，上半段被收到博物馆内保存。

3. 鹿野苑遗址的空间布局

从整体布局（图4-64）来看，达美克塔位于整个遗址的东侧，遗址主体部分大致以主僧院为中心，围绕其进行向心型布局。还愿塔围绕主僧院和法王塔布置，其他僧院主要集中在鹿野苑遗址北侧。这种布局功能分区明确，只是不同于其他佛教遗址，没有按一般做法以达美克塔为中心进行布局。但是从总平面图上看，也可能有这样一种解释：整体上没有脱离以佛塔为中心的布局，而是所有的还愿塔形成的还愿塔林成为整个遗址的中心，分别于东南西北四面修建僧院。这种说法也是行得通的。

4. 达美克塔

（1）达美克塔的历史背景

在鹿野苑曾经有两座佛塔，但只有达美克佛塔（Dhamekha Stupa，图4-65）保留了下来。达美克塔被公认为是佛陀对他的五个弟子进行第二次讲道的地方，这个佛塔被认为是鹿野苑最重要也是最神圣的构筑物。这座佛塔是由阿育王下令建造的，该佛塔建于公元5世纪时的笈多王朝时期，上面还保留有公元6世纪的铭文。考古学家推测：现在的建筑建造在另一座更早期的建筑遗迹之上，而最初的遗迹应该就是当时阿育王所造的纪念佛塔之一。

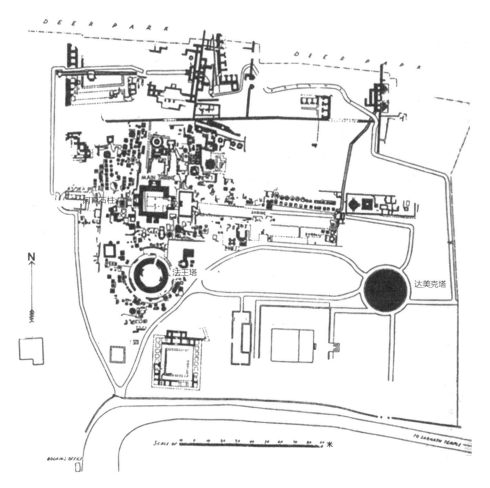

图 4-64　鹿野苑遗址平面图

（2）达美克塔的基本形制

达美克塔是一个形态稳固的圆柱形塔，底部直径 28.5 米，高 33.5 米，包括基础在内有 42.1 米，基础是一个高 11.2 米的圆鼓形基座。达美克塔直接建在地面上，底部没有常见的长方形基础。

达美克塔的主体主要分为两部分，上部为红砖所砌，下部是石材构建。

下部石材上刻有十分精美的花纹（图 4-66），有人物，有花草，有飞鸟及各种图案，其中有雕刻以卐字的花纹，象征佛教的莲花。在塔高 6 米处，有 8 个拱形壁龛，每个壁龛内都有一座真人大小的佛像。拱形龛的下面是一圈带状的装饰

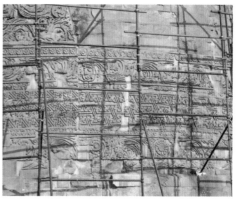

图 4-65　达美克塔　　　　　　　　　　　　　图 4-66　达美克塔细部

上为滚动的莲花植物，但只有叶和芽，下为是缠枝莲，有花朵和花蕾。

　　上部分现在只保留了红砖结构，外表面的饰面已经没有了，也有专家认为上部原本就没有外饰面，还有专家猜测上部的外饰面与下部的石材是一样的，但是现在都无法考证了。中间部分是用笈多王朝时期的风格精心装饰过的，例如用复杂精美的叶状、几何图案、花鸟等最复杂的重复模式完成装饰图案。

　　这是鹿野苑里保存下来的最精彩的建筑，据说最初由阿育王所建，后经各代有佛教信仰的国王扩建而成。跟一般的佛塔不同，它是实心塔。著名的佛立像就在这里被发现。

5. 法王塔

　　法王塔（Dharmarajika Stupa，图 4-67）由阿育王建于公元前 3 世纪。1794 年，作为贝拿勒斯政府高级官员的辛格将法王塔推倒毁坏的时候，发现了里面的一个绿色大理石的舍利壶，舍利壶里有舍利子。从鹿野苑的考古发掘中来看，法王舍利塔前后经历了六次改扩建。第一次扩建是在贵霜王朝时期，用砖加建，经测量砖的尺寸为 38.1 厘米 × 26.2 厘米 × 7 厘米。第二次加建是在 5—6 世纪，修了一条近 4.88 米宽的绕行路径，这条路径被称为是普雷达斯帕扎（Pradakshinapatha），还用石材修了一圈约 1.35 米高的围栏，并同时增加了面朝四个方向的大门。哈沙期间，大约公元 7 世纪时进行了第三次扩建，这次普雷达斯帕扎被填埋，并在此基础上建了一圈台地，又在之前加建的四个方向的大门前各加建了一个台阶方便上下。第四次和第五次扩建是在公元 9 世纪和公元 11 世纪。第六次是在 12 世纪，当鸠摩罗提毗的法轮集纳豪尔寺庙修建的时候，法王塔进行了最后一次扩建。最有名的手势法轮佛像就是在这里被发现的。

6. 乔堪祇塔

博物馆前沿主干道步行约 600 米，在左侧有一个佛塔，这个佛塔就是乔堪祇塔（Chaukhandi Stupa，图 5-68）。现在乔堪祇所在地风景秀丽，周边的环境进行了规划和整治，还精心布置了园林园艺，使其更具吸引力。通过考古发掘，也有专家认为乔堪祇塔（也有人称其为斜坡上的寺庙）才是真正的佛陀第一次对五比丘宣讲"四圣谛"地方。该塔建于约公元 5 世纪的笈多王朝。

乔堪祇塔也被称为"五比丘迎佛塔"，原为覆钵形，顶端的八角亭是莫卧尔帝国时（16 世纪）所建。

7. 佛塔林

鹿野苑内佛塔林有不计其数的还愿塔（图 4-69、图 4-70）。从保存情况来看，可以分为保存较完整的和仅留有遗存的两种；从建筑材料来分，可以分为石塔和砖塔两种类型；从艺术加工水平可分为雕刻艺术塔和素塔两种。总而言之，这里的佛塔种类繁多，具有超高的艺术价值。当然，从这些佛塔上可以大致看出其建造年代。

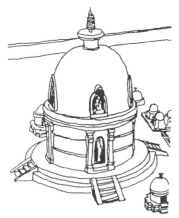

图 4-67　法王塔复原图

图 4-68　乔堪祇塔

图 4-69　佛塔林遗址（一）　　　　　图 4-70　佛塔林遗址（二）

8. 雕刻艺术

鹿野苑的雕刻艺术主要从砖雕和石雕两方面来讲述。鹿野苑遗址上的雕刻丰富多彩，其雕刻类型从图案上分可以分为：几何图形、象征形、动物、植物、佛像还有建筑等（图 4-71 ~ 图 4-80）。

第五节　祇园精舍

1. 历史背景

祇园精舍（Jetavanaana）是舍卫城遗址园最重要的佛教遗址聚集地，位于舍卫城内城之外。舍卫城遗址园（包括祇园精舍在内）也是印度最重要的佛教圣地之一。有关舍卫城的详细介绍在第二章有提及，这里主要介绍祇园精舍遗址园。

关于祇园精舍的由来有很多说法，佛经中流传最为广泛的是须达多散金赠园的传说。这一故事也常被用做雕刻题材，其意为将代表身外之物的财富换成生命中的智慧。

大约在公元前五六世纪，也就是佛陀释迦牟尼弘扬佛法初期，舍卫城有一位仁慈好施的长者名叫须达多，大家都叫他"给孤独长者"，意思就是"无可比拟的布施者"。机缘巧合之下，须达多遇到了正在说法的佛陀释迦牟尼，从中感悟良多，从此皈依三宝，并恳求佛陀释迦牟尼在舍卫城长期说法，以便让这里更多的人感悟出世解脱之道。在佛陀接受了他的请求后，须达多开始寻觅一处合适的

图 4-71　几何形石雕（一）

图 4-72　几何形石雕（二）

图 4-73　金轮石雕

图 4-74　莲花石雕

图 4-75　动物砖雕

图 4-76　植物石雕

图 4-77　仿建筑结构石雕

图 4-78　仿建筑结构及莲花柱头砖雕

图 4-79　佛像石雕（一）

图 4-80　佛像石雕（二）

地方用于建精舍供佛陀说法。舍卫城城南近郊有个美丽的花园吸引了须达多的注意，于是他找到花园的主人（舍卫城王子祇陀）并讲明来意，希望能买下花园。王子祇陀不舍，故意说要须达多将整个园内铺满黄金才肯割爱，本以为这样就能让他知难而退，没想到须达多竟真的散尽家财，并用黄金一寸寸铺设土地，最后还剩一小片土地没能铺满。王子祇陀被他的诚心打动，并同意用自己园内的树木在未铺满黄金的土地上给佛陀释迦牟尼盖一座精舍。最终结合王子"祇陀"与须达多的"给孤独长者"之名为这座精舍取名为"祇树给孤独园"，简称"祇园精舍"。

2. 祇园精舍园遗址布局

祇园精舍园（图 4-81）位于舍卫城都城西南角约五六里的位置上。据《大唐西域记》卷六记载，祇园精舍园遗址东门左右各建有阿育王石柱，高约 70 尺，但现在已不复存在。

祇园精舍园遗址内各建筑遗存总体呈带状布局形式，主要分为南北两片区。

北片区主要由五大精舍与中心的几座佛塔组成，是祇园精舍园遗址内的中心区域。北片区精舍与几座佛塔的布置形式基本符合古印度佛教寺庙的佛塔中心式的布局，突出佛塔的中心地位，而佛塔在佛教弟子心目中代表着佛陀释迦牟尼的存在。南片区以一个较大的精舍与八佛塔为主，周边还有一些散落的佛塔以及小精舍。除南北两大片区外，其他两个很重要的遗址为：考善巴库提（Kosambakuti）和阿难菩提树。遗址园附近还有一些近现代建造的各国寺庙。

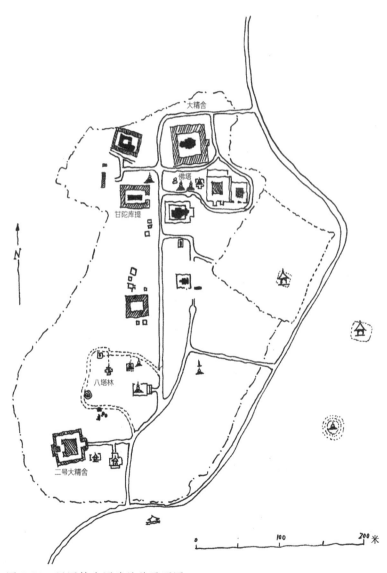

图 4-81 祇园精舍园遗址总平面图

祇园精舍的发展缘起于佛陀释迦牟尼在此度过大半生的雨安居。据历年来的考古发掘，现在的祇园精舍上有两座精舍遗址是当年佛陀释迦牟尼讲法与生活起居的原址，一是北片区内的甘陀库提（Gandhakuti），另一个则是位于遗址中央的考善巴库提。

从祇园精舍园内的遗址分布现状来看，可以推断出：第一，祇园精舍初期是两个比较简单的精舍以满足佛陀释迦牟尼讲法的需求，同时满足佛陀及其弟子简单的生活起居的基本需求；第二，佛陀在此度过二十几个雨安居，佛教在这段时间内不断发展，佛陀弟子的队伍也逐渐壮大，因此对精舍的需求量也有所增加，所以，在原有精舍附近另修建其他不同规模的精舍，至佛陀涅槃后，祇园精舍成为佛教重要的圣地之一，佛教弟子便在原来的发展轨迹上扩建，形成早期寺庙，这种发展持续了几个世纪直至最终被毁。

3.北片区建筑遗迹

北片区是祇园精舍的中心区域，包括几座比较重要的建筑遗迹：甘陀库提（Gandhakuti）、大精舍以及几座佛塔。

（1）大精舍

大精舍（图4-82～图4-85）位于祇园精舍园的最北端，是园内至今为止发现的最大的一个建筑遗迹。根据历年的考古研究，大精舍很有可能建于公元10世纪，是祇园精舍园内建得最晚的一座建筑。从现场遗址的发掘情况可以看出，这座园内最大的精舍毁于大火。

大精舍的平面布局与古印度早期佛教传统的精舍有相同之处，但也存在差别。早期的精舍如迦毗罗卫国的东、西、南、北四苑的单体空间比较纯粹，采用围合式布局，中间则是个大庭院。庭院内除了排水系统以外有时会有水井，还有的庭院内的其中一个角落会有一个独立的房间给地位比较高的僧侣修行使用。大精舍虽然也采用四周僧舍围合庭院的布置形式，但庭院的中心又布置了一个独立的塔寺，塔寺的平面形式类似菩提伽耶的摩诃菩提大塔，其立面形式则已无法考证。精舍四周的僧舍和中心塔寺的组合使得庭院空间变小，而僧侣们从狭小的庭院看向中心塔寺时需仰视，这给中心塔寺营造了庄严神圣的氛围。这种僧舍围合塔寺的做法很像古印度早期佛寺建造时以精舍布置在窣堵坡周围以便朝拜佛陀的布局形式，这种将佛塔作为中心的建造思想被保留了下来，并运用到建筑单体的建造

图 4-82　大精舍

图 4-83　大精舍平面简图

图 4-84　大精舍入口

图 4-85　大精舍庭院水井

中。在整体的寺庙布局中这种建造思想则逐渐削弱，取代中心大塔的常是一些小的佛塔林，如祇园精舍园内的整体布局。

大精舍的主入口朝向东面，入口门厅处设置一斜坡，大厅是由四根柱子撑起的。中心庭院四周的僧舍共有 35 间，其中东入口处地大厅是最大的，其余僧舍大小差不多。

（2）甘陀库提

甘陀库提（图 4-86、图 4-87）是祇园精舍园内最有历史的建筑遗迹之一，其址上原来的建筑建于佛陀释迦牟尼时代，应该是当年佛陀在世时度过 20 多年雨安居的其中一个讲法传道之处。

根据浮雕显示，原来的甘陀库提采用十字交叉形平面，比另一座园内佛陀时代的建筑大。但现在在遗址园内所见的甘陀库提则建于笈多王朝时期。平面为矩形，主入口在东边，为开放式入口，与其他将入口地面抬高的做法不同。中央庭院内有一个带楼梯踏步的矩形平台、一个亭阁和一个大约 2.85 平方米的小佛龛，

图 4-86　甘陀库提

图 4-87　甘陀库提平面简图

佛龛四周围着一道 1.8 米厚的墙。小佛龛是建于原来十字交叉平面的建筑之上的，而亭阁则是后来加建的。坎宁安在考古发掘过程中发现了一条铺好的比较好的小路，这条小路从甘陀库提遗址延伸至祇园精舍前门，这种做法明确显示出甘陀库提在祇园精舍园内的中心地位。

（3）佛塔

北片区内处于几个精舍中心位置的是几座佛塔（图 4-88），其中比较重要的是两座：一座位于甘陀库提东北角上，另一座位于大精舍南偏西的位置。

甘陀库提东北角上的小佛塔建于笈多王朝晚期，塔内有一个很小的佛像，只有 50 厘米高。佛像虽小，但它在佛教弟子心中代表着佛陀释迦牟尼本人，这种放置小佛像的做法是为了平日朝拜之用。小佛像是坐佛的姿态，头部周围刻有圆形光环环绕，用盛开的莲花图案作为光环的装饰。佛像的底座上有两只吐着舌头的狮子雕像，狮子之间则是坐着的菩萨雕像。佛像底座的底部刻着一段铭文，表明佛像的来源。

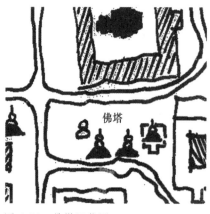

图 4-88　佛塔区位图

大精舍南侧偏西位置的佛塔比之前的那个佛塔稍大。这个佛塔本来的形状是圆的，后来在 9—10 世纪间被重修为方形。这个佛塔内有一个残缺不全的雕像，留下来的部分是两条交叉着的腿坐在底座之上，底座上有一段用库夏娜早期的文字记录的铭文，记载了有关这个佛塔的来历。

4. 南片区建筑遗迹

南片区位于祇园精舍的南门入口处偏西地位置，主要的建筑遗址是二号大精舍和八塔林。

（1）二号大精舍

二号大精舍（图4-89、图4-90）经历了多次重建，最初的建设大约在公元6世纪，最后一次建设则是在11—12世纪时期。该精舍是由21个僧舍围合成的矩形平面，中心庭院内也有一个塔寺。精舍东面有一个佛龛，佛龛周围以一圈圆形小路环绕，应该是受僧侣们转塔诵经的习惯所影响而形成的。

这座大精舍内出土了一些文物。有一尊8—9世纪时期的观世音菩萨像、一片五六世纪时期的佛像陶片等，还在其中一间僧舍内发现了一张用砖堆砌的床，床的一端也用砖堆高作为枕头，在另外一间僧舍内则发现了一个破瓦罐、一个青铜杯以及一个铁罐。

这里出土的最重要的发现是一块刻有铭文的铜板，铜板上记录的文字很详尽地写明了当时的时间、地点以及人物。这块铜板本来是祇园精舍周边城镇的佛教信徒记录捐赠情况的，对于今天的祇园精舍来说，它是一个说明此地是舍卫城祇园精舍的很有力的证据。

（2）八塔林

八塔林（图4-91、图4-92）位于二号大精舍的东北角，是集中在一起的八座砖塔。这些砖塔建于不同的时期，其中有一座塔上刻有建塔的时间和人名，可

图4-89　二号大精舍

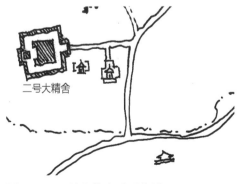

图4-90　二号大精舍平面简图

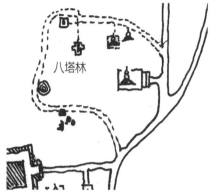

图 4-91　八塔林　　　　　　　　　　　图 4-92　八塔林区位图

以推测，这些佛塔是骨灰塔，很有可能是专门供奉祇园精舍园内长期居住的比较受人尊敬的僧侣的遗骨。

第六节　拘尸那迦

1.历史背景

拘尸那迦（Kushinagar）是印度四大佛教圣地之一，也是释迦牟尼涅槃处。拘尸那迦因作为佛祖涅槃处而得名，除此之外，它成为佛教朝圣的主要场所之一还有三方面的原因：第一，在这个地方，佛祖为外教弟子的玛哈（Maha Sudassana Suttanta）进行了最后一次的说教；第二，佛祖在他去世前收了最后一个弟子须跋陀（Subhadda）；第三，佛祖在这里火化并有佛陀舍利埋葬于此。此外，这里也是传说中佛祖七个前世去世的地方。在这里，佛祖最终涅槃超脱轮回，得到解脱，拘尸那迦便成了与佛陀释迦牟尼相关的圣地之一。

佛祖涅槃后，有弟子认为佛祖的身体应该按照国王死后同样的方式处理：用新布和有线棉布进行全身包裹，放置在一个铁容器内，再放在类似的容器中，并火化。最后，佛塔设立在交叉的四个十字路口，这其中就有供四方之人来此瞻仰的意思。佛祖涅槃后，他的弟子把他的身体和长袍都清洗了一遍，然后包裹在一个护罩内，并放置在珍贵材料制成的舍利壶中。火化后的骨灰中只剩下颅骨，主要是牙齿及其周边的一些骨头。弟子们小心地收集了佛祖的舍利，并放在拘尸那迦的佛塔内供奉。直至今天佛塔依然存在，但是由于日积月累的侵蚀，现在的佛塔已经不是原来的模样了，只剩下一个大砖土堆，高度大约近 15 米，佛塔周围也建起了一个环境良好的公园。

　　古代印度各个国家为了能够得到佛祖的舍利供奉权，差点引起了战争，最后婆罗门教提出了一个建议：将佛祖火化所留下的舍利等分成八份，分给了赶过来的八个国家。其实从另一个角度来说，佛陀的遗体可以看成由三个部分组成：一个是灵魂，一个是作为人类的身体，第三个就是留下来的舍利。舍利被均分为八份，分给八个国家，这一部分是佛陀留给人类的。分到佛舍利的国家分别在自己的土地上修建了佛塔来供奉佛祖舍利，但是随着时间的推移和佛教的推广，越来越多的国家和人民希望能分得佛舍利进行供奉，所以那些佛舍利又被陆续地再次细分，最终，阿育王决定兴建 84 000 座佛塔来供奉。今天，佛陀的舍利已经遍布整个亚洲，用各种形式的佛塔进行供奉。

2. 拘尸那迦遗址概况

（1）拘尸那迦的考古论证

　　然而，佛陀涅槃后两个世纪，拘尸那迦并没有发展。直至孔雀王朝阿育王的到访，使得拘尸那迦再次充满了活力。阿育王在拘尸那迦逗留学习佛法期间，他派人建造了很多佛塔和石柱，以宣扬佛法。中国朝圣者法显、玄奘，在访问拘尸那迦的时候，都有提到过佛塔和石柱，以及几个神圣点，当然大部分被遗弃荒废了。纪念《大般涅槃经》的是一个大的砖殿，其中就包含一个横卧的佛像。除了被毁掉的阿育王佛塔和石柱与题词，还有另外两个佛塔纪念佛陀生活的地方。从一些题词中我们可以了解到，11 世纪，当地的首席长官为了供奉一个巨大的卧佛雕像特意修建了一个小寺庙，时间是在遮娄其王朝（Kalachuri）时代。经过了一千年的沉默后，东印度公司的官员开始重视拘尸那迦。近代以来的第一次考证，是 1854 年由威尔逊提出的有关拘尸那迦的重要性。然而，真正确定下来拘尸那迦是佛祖涅槃地的还是康宁汉姆，他是一位考古测量师，在 1861 年至 1862 年间他访问了这个地区。1876—1877 年其助手 A.C.L. 和 Carlleyle 扩大了发掘范围，在这一次考古行动中，发现了中央佛塔以及著名的斜倚的涅槃佛像。夏斯特里在 1910 年至 1912 年间又一次发掘，这一次发现了很多砖砌建筑物，以及纪念碑和碑文。但是，碑文中没有任何直接提到拘尸那迦的名字或其他相关的有价值的信息。修复工作主要是在 1890 年至 1920 年期间，由住在这里的努力比丘大雄负责的。

（2）拘尸那迦遗址现状

拘尸那迦（图4-93）位于印度北方邦哥达拉克浦县凯西以北约2.5公里的摩达孔瓦尔镇。这里是古印度末罗国都城。与一些重要的城市的距离为：距蓝毗尼175公里、迦毗罗卫国146公里、鹿野苑274公里、瓦拉纳西270公里。

拘尸那迦作为佛教圣地吸引了很多世界各地的朝圣者前来朝拜，所以周边渐渐发展成佛教旅游景点，相继产生了商店、酒店等附属产业。而拘尸那迦园内更是吸引了很多国家在此修建寺庙，以便进行佛学进修或朝拜。当然这也带动了周边的城市发展，居民随之增多。

19世纪末考古学者进行了发掘工作。发掘表明，这里蓬勃发展了相当一段时间，并形成一个较大规模的寺院群落。建造于4世纪到11世纪不等的十个不同的寺院遗址被陆续发掘出来。现在这些遗址中的大部分都包含在拘尸那迦遗址园

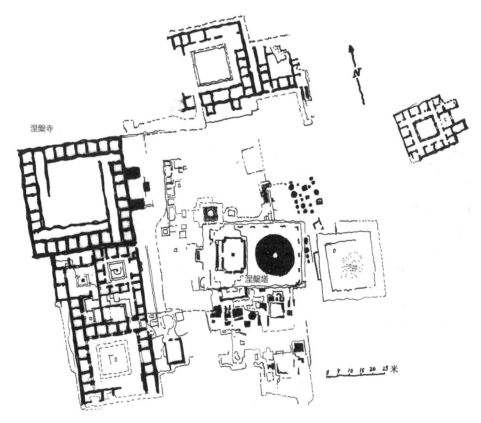

图4-93　涅槃寺及佛塔的总平面图

内，园内中心位置是内有卧佛的一座现代化的建筑，据说这尊卧佛雕像是国王鸠摩罗笈多（Kumaragupta，415—456）命人雕刻的，也有学者认为他是那烂陀寺的创始人。19世纪考古发掘时所发现的卧佛像有残缺，现在已经修复完整。涅槃寺的背后是一座建于古普塔时代的大佛塔。涅盘塔往东走一段比较长的距离还有一座大佛塔，现在叫拉玛巴（Ramabhar），是当年佛陀真身火化的地方。

3. 涅槃寺及涅槃塔空间布局

涅槃塔所在区域整体以涅槃塔为中心的空间布局模式，涅槃塔四面为僧院，是传统的佛教寺院空间布局模式。涅槃塔的东北角有一片还愿塔林。西侧的僧院规模最大，共有大大小小四个院落空间，由一个主体建筑与附属部分组成，主入口朝向涅槃塔。从其形式上看建于不同时期，其中附属的一端也形成了一个完整的僧院空间；涅槃塔北侧的僧院也由大小两个院落组成，形成一主一附的建筑组成。主入口朝向涅槃塔的方向，保存得不够完整，损坏比较严重，附属院落几乎都看不出其基本形制了；东边的僧院规模比较小，保存情况一般，但是其主入口的开口方向却不是朝向涅槃塔的，这种布置比较少见；南部的僧院风化也很严重，已经看不出形制了。涅槃塔东侧还有另一个窣堵坡遗址，规模比较大。

4. 涅槃塔和涅槃寺

（1）涅槃塔

涅槃塔（图4-94）距离涅槃寺不远。《大唐西域记》卷六中记载，阿育王在大肆修建佛教建筑的运动中，也在拘尸那迦修建了一座佛塔来纪念佛陀释迦牟尼涅槃，塔高200余尺，塔前立有阿育王石柱并刻有铭文，铭文的内容主要是记录佛陀涅槃的事迹。在其后历朝历代，都对这里进行了修缮，但是随着印度佛教的衰败以及不断被风霜雨雪侵蚀，涅槃塔也逐渐荒芜，曾经的辉煌不再，换来的是断壁残垣和一片荒凉，佛塔和石柱也被人遗忘，佛陀在此涅槃的事迹变得鲜为人知。直至1927年缅甸佛教徒找到此地并自费将这里修整出来，重建佛陀的光辉。新塔塔身覆满了镀金片，闪闪发光，彰显着佛的荣光。

（2）涅槃寺

涅槃寺（图4-95）是一座建在佛陀最后涅槃双凉亭树之间的建筑，建于涅槃塔西侧的废墟上。核心部分曾经是一个宏伟的结构。底座上的佛塔和寺庙高于地面水平2.74米。上面的佛塔圆柱形颈部高度为5.5米，沿其顶端有一排微型壁柱

图 4-94 涅槃塔

图 4-95 涅槃寺

作装饰。顶部为圆顶，离地面高度约 19.8 米。这里发现的铜容器上的铭文包含尼陀那（Nidana）佛经梵文。佛舍利就被存放在这里。1927 年，佛塔由兰（Hlaing，缅甸）捐赠重建。

涅槃寺与涅槃塔是在同一底座上的。1876 年卡莱雷（Carlleyle）发现了这里，并看到一尊卧佛雕像（图 4-96）躺在一个破碎的底座上，破损的构件都失踪了。在他们的修复下，卧佛雕像和基座恢复到原来的形状。这尊雕像长 6.1 米，是由整块颜色偏红的砂岩制成的。佛的右手放在头下，脸朝向西部，左手放在大腿上。佛像被放置在一个用大石头堆砌的砖台座上，像与榻用一块整石头刻成，浑然一体。基座上刻有阿难等弟子像和铭文雕像，这些僧侣图案表示当时佛陀释迦牟尼涅槃时众人的心情。

底座的题词可以追溯到公元 5 世纪左右，记录了佛像雕刻的来源及相关人物。近年来的考古发掘表明，这里曾多次修复，前后经历了好几个世纪，曾兴盛一时。玄奘曾在他的《大唐西域记》中记录过这尊雕像以及上面的铭文，说明这尊雕像的历史至少可追溯至玄奘到访前。

5. 火葬佛塔

玛他神社东部约 1.6 公里，在一个十字路口上矗立着一座土丘，当年八王分舍利的事件就在这里。火葬塔（图 4-97）的附近有一个湖，名为拉玛巴（Ramabhar），所以这座火葬塔也叫拉玛巴佛塔。这座佛塔是一个巨大的圆形砖堆，其形象很像一个坟包，直径 34.14 米，并且放置在一个圆形的基础上，由两个或两个以上的露台组成，底部直径 47.24 米，塔高为 15.4 米。围绕火葬塔有一圈砖石铺地，应

图 4-96　卧佛像　　　　　　　　　图 4-97　火葬塔寺

该是举行绕塔仪式之用。今天看来这座塔的形象过于朴实，但我们没有证据证明它是原本就这样的还是后来经过长时间的风化导致的。

小结

本章主要描述与分析佛陀释迦牟尼时期与之有密切关系的六大佛教圣地遗址，六大圣地分别是：蓝毗尼、迦毗罗卫国、菩提伽耶、鹿野苑、祇园精舍，以及拘尸那迦。佛陀释迦牟尼涅槃之后，这六个与佛陀有关的地点便成了佛教弟子纪念与朝拜的圣地，这也是佛寺产生的诱因。

通过查阅相关资料和实地考察，本章分析了六大遗址的建筑遗存，从中找出圣地发展的痕迹，试图厘清这些圣地的建筑形成与发展演变过程，通过对圣地遗址的分析探究古代印度早期佛教建筑的发展演变。

六大圣地的遗址现状保存情况不一，且考古发掘的程度也有差别。有些遗址曾得到大力的发展，辉煌一时，其佛教建筑遗址较多，规模也大，遗留了大量艺术精品，今天仍然受到很多国内外学者的关注，比如鹿野苑。也有的佛教建筑遗址虽在佛教史上有着重要的历史地位，但始终没能得到很好的发展，佛教在这些地方早早地衰败下来，这些地方后期甚至成为其他宗教的发展基地，所以，其佛教建筑遗存不多，现在的遗址上还混合着其他宗教建筑遗址而共存。虽然本章在描述这六大遗址时有所偏重，内容也有详有略，但这些遗址在佛教史上具有同样重要的历史地位，值得世界各地佛教弟子前往朝圣。

第五章 《大唐西域记》对印度佛教建筑研究的贡献

第一节 玄奘与《大唐西域记》

1. 玄奘简介

玄奘（图 5-1）出生于 7 世纪，俗名叫陈祎，很小的时候就失去了双亲，最后被他一个做和尚的兄长带到白马寺抚养长大。玄奘从小在白马寺受佛法熏陶，由于他天资聪颖，熟读佛学典籍，潜心佛法，12 岁那年便通过了考核成为一名僧人，并得法号玄奘。从此以后他一心研究佛学，四处游历拜访高僧，希望从众高僧那里学到更多对佛法的理解。在这一路的游历学习中，他习遍了当时流传中土的几乎全部的佛教经典，也在这一路的学习中，发现了中国佛学典籍中经常给他造成误读的困惑的翻译不足之处。为了能解开自己多年的困扰，他决定去天竺看看，希望能学到正宗的佛法并将其带回来。

在他 26 岁那年，玄奘向朝廷表明了自己的心意并希望获得支持，可是却迟迟没有得到回应，也没能拿到通关的文书。第二年，他选择不再等待，而是通过混入难民逃出关外的方式开始了自己的天竺之行。

玄奘一路从长安出发，途径秦州（今甘肃天水）、兰州、凉州（今甘肃武威）、瓜州（今甘肃安西县东南）、玉门关、伊吾（今新疆哈密）、高昌（今新疆吐鲁番）、阿耆尼国（今新疆焉耆）、屈支国（今新疆库车）、跋逯迦国（今新疆阿克苏）、凌山（今天山穆苏尔岭）、大清池（今吉尔吉斯斯坦伊塞克湖）、素叶城（即碎叶城，今吉尔吉斯斯坦托克马克西南）、昭武九姓七国（都在今乌兹别克斯坦境内）、铁门（乌兹别克斯坦南部兹嘎拉山口）、今阿富汗北境、大雪山（今兴都库什山）、今阿富汗贝格拉姆、巴基斯坦白沙瓦城，经历九死一生，到达印度。在印度朝圣了很多佛教圣地，停留的时间也各有不同，后来在那烂陀寺驻留了很长一段时间潜心研习佛法，结束了在印度的朝圣之旅，满载荣誉和佛典、佛舍利以及佛造像等，一路向西、向北，经过重重困难，长徒跋涉，回到长安（图5-2、图5-3）。

图 5-1　玄奘

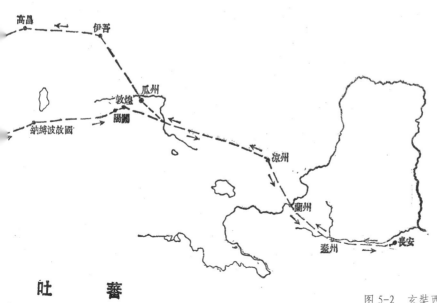

图 5-2　玄奘西行路线图（一）

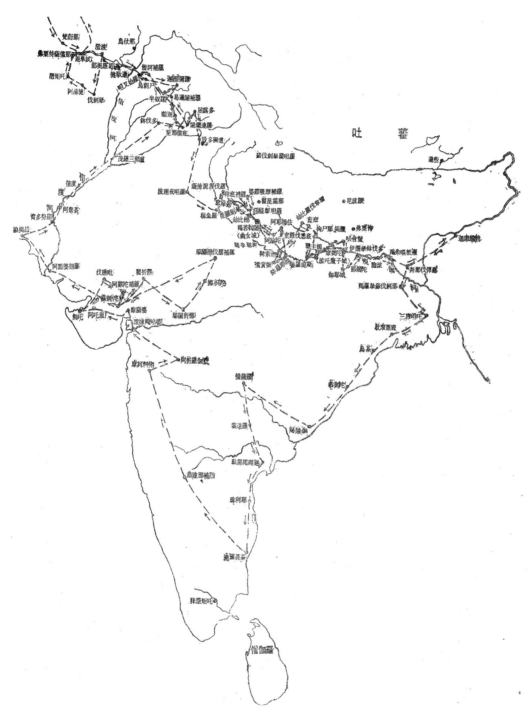

图 5-3 玄奘西行路线图（二）

他的这次回归得到了皇帝的赏识，在唐太宗的建议下，玄奘通过口述回忆一路经过的各个国家的见闻，由他的弟子辩机执笔写下《大唐西域记》。回国后，在朝廷的支持下，玄奘组织了一个庞大的译场，开始对带回来的佛教经典进行翻译工作。他摒弃了之前的音译和纯粹的意译手法，创造了一种新的结合自己理解的翻译方法，使得这次翻译工作取得了空前的收获，达到了当初西行印度的目的，了却了自己的心愿。

2.《大唐西域记》内容概述

《大唐西域记》所涉及范围之广、内容之丰富是无人能超越的，在世界范围内的成就也几乎是无人能及的，而对于本书所提到的印度佛教建筑研究更是当之无愧的功臣。

《大唐西域记》全书有 12 卷，共记录了 138 个国家，其中有 110 个国家是玄奘亲自游历过的，还有另外 28 个国家则是玄奘在当时印度的文献中所看到的或听到的记载。全书开篇还有两篇序，序一记录了玄奘本人写书的目的以及介绍全书的大体内容，而序二则是当时的朝廷尚书为此书写的，对玄奘以及他的经历进行了介绍。

全书对当时的印度记录详尽，除了按国家一一记录其中的佛教圣地以外，还对当时的印度作了综述。从对"印度"这个国家的名称的由来介绍到对疆域范围的描述，再从城镇居民的饮食、服饰、教育、文字到印度的种姓制度的介绍以及兵法、赋税的记录等，其范围之广、内容之详尽，为我们提供了宝贵的第一手历史信息的研究资料。

书中每一卷中都记录了很多国家，大体是按片区划分的。而对每一国家的记录包括地理范围、人文风俗、饮食习惯以及佛教部派分布和规模等总体概述，除此之外，大部分内容则集中在对该国的佛教圣地或遗址的记录。

例如本书卷一中的梵衍那国。首先以"东西二千余里，南北三百余里，在雪山之中也"[1]这三句简明扼要地概括了梵衍那国的地理范围及特征，以此开篇；后以"国大都城据崖跨谷，长六七里，北背高崖"[2]三句概括了都城的大体情况；再以"有宿麦，少花果，宜畜牧，多羊马"[3]四句描写了当地的农牧业；中间又

1、2、3（唐）玄奘.季羡林等校注.大唐西域记校注 [M].北京：中华书局出版社，2000.

用简洁的文字对该国的气候、衣着、文字、货币、语言等一一概述；最后以"伽蓝数十所，僧徒数千人，宗学小乘说出世部"[1]概括了梵衍那国的佛教状况。至此，玄奘仅用153个字就将梵衍那国的大体情况给描述清楚了，其语言之简洁、文字之凝练可见一斑。其后，玄奘又分别对大立佛及卧佛像、小川泽僧伽蓝进行了描述，其文字也同样精简，却不失详尽。

玄奘对各国的描述大体都是按梵衍那国的模式来记录的，涵盖信息量大，涵盖的范围也很广，但文中对于各国的记录也是有差别的，不是都能做到面面俱到的。由于全文是玄奘回国后的回忆录，由玄奘回忆口述、其弟子辩机执笔负责记录，时隔多年，所以多多少少有些记录不全或有所偏差，但描述如此多的国家，其信息量之大可想而知。文中还有很多佛教圣地的记录，这对于佛教曾一度消失的印度来说，无疑是最好的研究参考资料。印度著名史学家阿及在1978年说过这样一段话："如果没有法显、玄奘、马欢的著作，重建印度史是完全不可能的。"

第二节 《大唐西域记》对印度佛教建筑的记述

玄奘起初去印度游学，其本意就是朝拜佛教圣地，拜访名师，学习佛典，所以他是带有目的性地在一路上寻找有关佛的踪迹，哪怕只是一座小寺庙，他都要前去参拜。因此，玄奘在书中就对他所经过的几乎所有圣地事无巨细都记录了下来，对于印度的佛教历史建筑研究来说，他做到了"广"。而在玄奘前往印度的时候，正值印度佛教逐渐走向衰败的过程，所以在他之后，佛教寺庙逐渐减少，衰败废弃的佛教寺庙逐渐增多。玄奘对于印度当时佛教圣地的记录在无意识中为日后寻找佛教圣地做了资料准备工作，由于他记录的圣地之泛，也使得今天印度的佛教圣地能有序地被考古发掘，让世人看到了古印度佛教辉煌的痕迹。

玄奘是博学多才之人，有着很强的逻辑思维和理性的判断能力，他也是一位很有条理的人，因此在他口述回忆之时，才能做到文字精简凝练，又能概括清楚，再加上他拥有惊人的记忆力和对距离的感知能力，使得文中对于佛教圣地的描述有着很好的方位感。而且他在描述圣地的过程中，也对圣地内的建筑布局有所描述，这使得后人在比对书中记录的遗迹时可以有所参考和考证。这对于印度的佛

---

1 （唐）玄奘，季羡林等校注 . 大唐西域记校注 [M]. 北京：中华书局出版社，2000.

教历史建筑而言，他做到了"准"。

《大唐西域记》中有很多关于古印度佛教建筑的描述。在众多佛教建筑遗址的描述中，玄奘依旧使用很简洁的文字概括了建筑的地理位置、大体布局、尺寸以及一些与佛祖有关的经典故事。在这一方面，他做到了"细"。只要是他在游历过程中所得到有关佛的信息，他都将其记录在相应的佛教建筑中，讲述了相应的佛教建筑或建筑群的由来。今天看来，这些信息无疑地佐证了这些佛教建筑遗址的历史价值和意义，也正因为这些文字描述，使得如今的印度重新定义了几大佛教圣地，包括蓝毗尼、迦毗罗、菩提伽耶、鹿野苑、舍卫城、吠舍离、王舍城以及拘尸那迦八大圣地在内。

此书中，玄奘对于所到之处的遗址都明确指代其性质，对于建筑和遗迹主要分为：窣堵坡、伽蓝、精舍三类，对于一些不是很重要的遗址则会以"其他诸遗迹"来概括，并在正文中加以简述，除此以外还有少数以"××园"为标题的遗址，典型的代表是"逝多林给孤独园"。整本书虽然涉及内容很多却显得很有条理，从目录中很容易就能找出其中有关遗迹。对于窣堵坡，除了地理位置的记录，还有窣堵坡的来历以及高度的记录，同时还有周边其他一些遗迹的描述，例如上军王窣堵坡中就有这样的描述："憍揭厘城西南行六七十里，大河东有窣堵坡，高六十余尺，上军王之所建也……窣堵坡侧大河滨有大石，状如象，昔上军王以大白象负舍利归，至于此地，象忽跌仆，因而自毙，遂变为石，即于其侧起窣堵坡。"[1]类似于这样详细的描述在此书中处处皆是，对于后人研究古印度时期的佛教建筑是一份很珍贵的文字资料，而对于当时的玄奘来说他可能根本没有意识到。

《大唐西域记》内所记载的佛教建筑多如上所述，不仅便于后人寻找其址，还留下了相关的历史背景及来历，使后人较准确地确定遗址的历史价值，即使着墨不多，也足以使人们将此书奉为神作。

1. 对伽蓝寺院的记述

玄奘在《大唐西域记》中，将所到之处的寺院都称为"伽蓝"，例如"僧伽蓝""鸽伽蓝""阿折罗罗伽蓝""大伽蓝"等。玄奘对各国伽蓝的描述既反映了当时的佛教分布情况，也反映了当时佛教建筑的规模、形制以及艺术等。《大唐西域记》

---

1 （唐）玄奘，季羡林等校注.大唐西域记校注[M].北京：中华书局出版社，2000.

中记载的寺院有规模宏大的伽蓝寺院，也有小规模的仅有精舍的简易寺院。

如卷一中对昭怙釐伽蓝的记载："荒城北四十余里，接山阿一河水，有二伽蓝，同名昭怙釐，而东本随称。佛像装饰，殆越人工。僧徒清肃，诚为勤励。东昭怙釐佛堂中有玉石，面广二尺余，色带黄白，状如海蛤。其上有佛足履之迹，长尺有八寸，广余六寸矣。或有霁日，照烛光明。"[1]

这一段文字中，先是对昭怙釐伽蓝的地理位置和规模进行描述，接着讲伽蓝内的装饰艺术，虽然只有短短的两句话，但也足够了。其后对僧侣的状况用一两句话作概括，最后将佛堂内部的布置和材质、装饰艺术以及氛围进行详细描述，描绘了一幅堂内佛脚印置于玉石之上的神圣而静谧的画面。

又如对纳缚僧伽蓝的其中一段记载："伽蓝内南佛堂中，有佛澡罐，量可斗余。杂色该耀，金石难名。又有佛牙，其长寸余，广八九分，色黄白，质光净。又有佛扫帚，迦奢草作也，长余二尺，围可七寸，其把以杂宝饰之。凡此三物，每至六齐，法俗咸会，陈高供养，至诚所感，或放光明。"[2]

这段文字主要描述了纳缚僧伽蓝佛堂内的陈设场景，讲了三件佛教重要的物品：佛澡罐、佛牙、佛扫帚，并从名称、大小、材质、装饰等方面对这三件物品作了详细描述。

在《大唐西域记》里，玄奘也对其中一些重要的寺院进行较为详细的描述，比如对鹿野苑时是这样描述的："婆罗尼河东北行十余里，至鹿野伽蓝。区界八分，连垣周堵，层轩重阁，丽穷规矩。僧徒一千五百人，并学小乘正量部法。大垣中有精舍，高二百余尺，上以黄金隐起，作淹没罗果。石为基阶，瓦作层龛，翕币四周，节级百数，皆有隐起黄金佛像。精舍之中，有玉石佛像，量等如来身，作转法轮势。"[3]

这段描述与之前的其他描述相比要详尽许多，描述了鹿野苑的区位、分布情况、建筑形式、僧侣数目、信仰部派，还描述了精舍的大小和装饰，甚至细化到台阶的材质、龛的装饰和数量，还有佛像的大小和姿势，可谓是相当详细。

除此以外，还有另三段描述："精舍西南有石窣堵坡，无忧王建也，基虽倾陷，尚余百尺。前建石柱，高七十余尺。石含玉润，鉴照映澈。殷勤祈请，影见

1，2，3 （唐）玄奘，季羡林等校注.大唐西域记校注[M].北京：中华书局出版社，2000.

众像，善恶之相，时有见者，是如来成正觉已初转法轮处也。""其侧不远窣堵坡，是阿若乔陈如等见菩萨舍苦行，遂不侍卫，来至于此而自习定。""其傍窣堵坡，是五百独觉，同入涅槃处。又三窣堵坡，过去三佛坐及经行遗迹之所。"[1]

至此，玄奘将鹿野苑的大体情况都介绍了一下，其后还有"慈氏及护明受记窣堵坡""三龙池及释迦遗迹""象、乌、鹿王本生故事""乔陈如等五人迎佛窣堵坡"这四段更为详细的描述。从这些文字中，可以看出当时鹿野苑的规模之宏大，建筑艺术之精美，佛教在这里繁荣兴盛，俨然就是当时的佛教圣地，也难怪玄奘对鹿野苑毫不吝啬词汇。

2. 对窣堵坡的记述

从玄奘对窣堵坡的描述中，我们可以大致看出当时的窣堵坡的形式和尺寸特征以及其装饰艺术。《大唐西域记》所记录的窣堵坡有 420 处以上。其中明确说明修建者和年代的有八王、香姓婆罗门、阿阇世王等所造的 11 处，无忧王（阿育王）138 处，迦腻色迦王 3 处，笈多王朝 1 处；此外有迦叶波佛时、献麨佛陀之商人、天神所造者（包括帝释、梵王、诸天、鬼神所造及从空而下、从地涌出等等）15 处[2]。

如卷二中的"卑钵罗树及迦腻色迦王大窣堵坡"中有这样的描述："卑钵罗树南有窣堵坡，迦腻色迦王之所建也……周小窣堵坡，更建石窣堵坡，欲以功力弥覆其上，随其数量，恒出三尺。若是增高，踰四百尺。基趾所峙，周一里半。曾基五级，高一百五十尺。方乃得小窣堵坡。王因喜庆，复于其上更起二十五层金铜相轮，即以如来舍利一斛而置其中，式修供养……"[3]

玄奘在描述迦腻色迦王大窣堵坡时，不仅将它的由来详细讲述了一遍，还对这里的窣堵坡的建造者、建造年代、高度、周长等尺寸，以及材质、装饰、形成过程和功能都详加叙述。

之后又对大窣堵坡周近诸佛像描述如下："大窣堵坡东面石陛南，镂作二窣堵坡，一高三尺，一高五尺，规摹形状，如大窣堵坡。又作两躯佛像，一高四尺，

1，2，3 （唐）玄奘，季羡林等校注．大唐西域记校注 [M].北京：中华书局出版社，2000.

一高六尺，倚菩提树下加趺坐像。日光照烛，金色晃曜。阴影渐移，石文青绀。闻诸耆旧曰：数百年前，石基之隙有金色蚁。厕以金沙，作为此像，今犹现在。"[1]

这里描述得更为详细，不仅将窣堵坡的方位、尺寸记录下来，还有佛像的位置、大小、情景描述以及佛像来源及做法的描述，秉承了文字简洁凝练的记叙风格，短短几句话便将一系列信息罗列清楚。

3. 对石窟寺的记述

《大唐西域记》中，玄奘对石窟寺的叙述不是很多，主要是因为印度石窟多隐于山林，人迹罕至，僧侣也较少，而玄奘西行印度最主要的目的除了朝圣还有取得真经，所以玄奘没有过多前往石窟所在地。书中叙述最为全面的石窟就是阿旃陀石窟，除此以外还对小石岭佛影窟、帝释窟进行了较为详细的描述，其余都只是略有提及。

例如在卷二的"小石岭佛影窟"是这样描述的："城西南二十余里至小石岭，有伽蓝，高堂重阁，积石所成。庭宇寂寥，绝无僧侣。中有窣堵坡，高二百余尺，无忧王之所建也。"[2]这段主要是描述了小石岭的石砌伽蓝，就是石窟，文字简洁，显示了这里的荒凉。

接着又进一步对佛影窟进行深入描写："伽蓝西南，深涧峭绝，瀑布飞流，悬崖壁立。东岸石壁有大洞穴，瞿波罗龙之所居也。门径狭小，窟穴冥闇，崖石津滴，溪径余流。昔有佛影，焕若真容，相好具足，俨然如在。近代已来，人不遍睹，从有所见……影窟门外有二方石，其一石上有如来足蹈之迹，轮相微现，光明时烛。影窟左右多诸石室，皆是如来诸圣弟子入定之处。影窟西北隅有窣堵坡，是如来行进之处。其侧窣堵坡，有如来发爪。邻此不远窣堵坡，是如来显畅真宗，说蕴界处之所也。影窟西有大磐石，如来噆于其上濯浣袈裟，文影微现。"[3]

从这一段文字中，我们大致可以判断这是一个支提窟，开凿在悬崖峭壁之上，石窟入口狭小，窟内有许多石室，还有一块如来的足迹石，除此以外，还对窟内的场景多有描述，渲染出该石窟的神圣。这一段描述还略去了一段，主要讲述该石窟的由来故事。从这些描述中，还能看出这一石窟的大致空间布局形式，让我们对那个年代的石窟有所了解。

1，2，3（唐）玄奘，季羡林等校注.大唐西域记校注[M].北京：中华书局出版社，2000.

第三节 《大唐西域记》对印度民居的记述

1. 民居建筑等级

古印度民居与中国古代民居一样，也是有等级之分的，玄奘在卷二的印度总述里面，将"邑居"作为单独一节来叙述。他是这样描述的："若夫邑里闾阎，方城广峙；街头巷陌，曲径盘迂。阛阓当途，旗亭夹路。屠、钓、倡、优、魁刽、除粪，旌厥宅居，斥之邑外，行里往来，僻于路左。"[1] 其中"屠、钓、倡、优、魁刽、除粪"都是印度种姓制度中最低贱的种姓"首陀罗"的职业，印度教徒将他们视为最下等的人类，认为不可与这些人有接触，所以他们只能住在偏远的城外，他们的住宅有特殊的标识。

2. 民居建筑材料

"邑居"一节还讲到了民居的建筑材料，是这样描述的："……城多叠砖，暨诸墙壁，或编竹木。室宇台观，板屋平头，泥以石灰，覆以瓦塈。诸异崇构，制同中夏。苫茅苫草，或砖或板。壁以石灰为饰，地涂牛粪为净，时花散布，斯其异也。"[2]

这里提到的建筑材料有：竹木、石灰、瓦、未烧的砖坯、茅草、木板、牛粪。当繁花开放之时，又在屋内撒花，这是当时的一种独特风俗。由于当时的印度有很多信仰婆罗门教的信徒，而在婆罗门教中，牛是他们的神，所以，用牛粪涂在地上并撒上鲜花是一种神圣的表现，充分体现了当时的宗教信仰。如今到印度，还是能看出来印度人对鲜花的钟爱，常常会有人将新鲜的花朵编成花环放在各类宗教建筑中。在这次的印度旅行中，随处可见佛教建筑遗址上摆放的花环，颜色鲜艳，这大概就是印度人表现他们对宗教信仰的一种方式吧。

3. 民居结构及内部装饰

"邑居"中的一段描述讲述了当时民居的结构、布局形式以及内部装饰："隔楼四起，重阁三层。榱栭栋梁，奇形雕镂；户牖垣墙，图书众彩。黎庶之居，内侈外俭。奥室中堂，高广有异；层台重阁，形制不拘。门辟东户，朝座东面。至

1，2，（唐）玄奘，季羡林等校注 . 大唐西域记校注 [M]. 北京：中华书局出版社，2000.

图 5-4　绳床　　　　　　　　　　图 5-5　绳床制作

于坐止，咸用绳床。王族、大人、士庶、豪右，床饰有殊，规矩无异。君王朝坐，弥复高广，珠巩间错，谓师子床，敷以细，蹈以宝机。凡百庶僚，随其所好，刻雕异类，莹饰奇珍。"[1]

　　从这段描述中可以看出，当时印度的民居无论是普通民居还是富人之居，室内装饰相对于建筑外部装饰来说比较奢侈。室内随主人喜好多有彩绘、珠宝、精美布料或雕刻等作为装饰，从今天印度当地的室内彩绘装饰和一些精美布料及雕刻可以看出当时的一些影子，随处透露着珠光宝气的气息。民居的高度不等，形制也比较自由，房屋坐西朝东。室内用绳床（图 5-4、图 5-5），这一点很特别。其后这种绳床较易折叠，携带方便，从印度传入中国之初，是僧侣们常用之物，而后来随着佛教的传播而被越来越多的人接受，并且在人们的日常生活中普及开来。到了南北朝时期，绳床不再仅仅是僧倍坐禅修行用的坐具，它已经在一些学习佛法的贵族宅邸中出现，到了唐代以后，绳床已经成为上至帝王下至百姓在日常生活中的常用坐具了[2]。

1（唐）玄奘，季羡林等校注 . 大唐西域记校注 [M]. 北京：中华书局出版社，2000.
2 赵琳，张朝 . 绳床、倚床、小床——魏晋南北朝椅子的雏形 [J]. 家具与室内装饰，2004(7).

第四节　《大唐西域记》对印度城市的记述

《大唐西域记》中有很多关于古印度那些国家和城市的记述，从这些文字中，可以大致了解这些国家和城市的规模大小、地理特征、气候、物产、居民生活、信仰等基本信息。玄奘所记录的古印度的那些国家基本都是现在的一个城市，所以，可以从文中对于那些国家的描述中得出现在印度的一些城市在古时候的一些基本信息，弥补相关的历史资料。

例如在卷一中对阿耆尼国有这样一段记述："阿耆尼国东西六百余里，南北四百余里。国大都城周六七里，四面据山，道险易守。泉流交带，引水为田。土宜糜、黍、宿麦、香枣、葡萄、梨、柰诸菓。气序和畅，风俗质直。文字取则印度，微有增损。服饰毡褐，断发无巾。货用金钱、银钱、小铜钱。王，其国人也，勇而寡略，好自称伐。国无纲纪，法不整肃。伽蓝十余所，僧徒二千余人，习小乘教说一切有部。经教律义，洁清勤励，然食杂三净，滞于渐教矣。"[1]

短短的几行文字就将阿耆尼国的基本状况都描述清楚了，开篇先将阿耆尼国的国土面积和范围概括了一下，然后又将其易守难攻的山地城市特征简要概述，其地理特征和耕地情况就用"泉流交带，引水为田"八个字一带而过，随后又分别描述了阿耆尼国的农作物种类、民风、服饰、发型特征、货币种类，之后又对阿耆尼国的国王本人和国家法治进行了客观评价，最后则是对佛教伽蓝和僧徒、所习的部派等略作统计和记述。整段文字所含信息涉及范围很广，简洁凝练的话语将一个国家描述得十分清楚，面面俱到。

又如在卷三中记录乌仗那国时是分十一部分记录的，分别为：忍辱仙遗迹、阿波逻罗龙泉及佛遗迹、醯罗山、摩诃伐那伽蓝、摩愉伽蓝、尸毗迦王本生故事、萨哀杀地僧伽蓝及佛本生故事、上军王窣堵坡、赤塔奇特塔及观自在菩萨精舍、蓝勃卢山龙池及乌仗那国王统传说、达丽罗川。不得不说他的记性真的很好，记得每个所到之地，而且记忆之好可从他对于每个遗迹的描述中可看出，例如对于其中的忍辱仙遗迹他是这么描述的："懵揭厘城东四五里有大窣堵坡，极多灵瑞，是佛在昔作忍辱仙，于此为羯利王，割截支体。"[2]

1，2　（唐）玄奘，季羡林等校注.大唐西域记校注 [M].北京：中华书局出版社，2000.

这段描述中关于此地的位置描述精确到里，这只是凭借记忆就如此，不仅如此，在这短短的 35 个字里就把这个遗迹的地理位置、历史背景以及他的个人感受都写清楚了，可见他是一个语言概况能力很强的人。而且这种记录国家的方式显得非常有条理性，且指向相当明确，为后人在定位所找遗址的过程中省去很多不必要的麻烦。

书中对其他国家和城市的记述也基本都涵盖了这些信息，对于缺乏史料记载的印度来说这些信息无疑是最详细的一手资料。

小结

自佛教从古代印度传入中国以来，中国便常有佛教僧侣远赴天竺求取正宗的佛法。东晋有法显，唐有玄奘，他们分别著有《佛国记》和《大唐西域记》，这种记录的形式本是中国僧侣在天竺的旅行杂记，可是对于缺乏史料记载的古代印度来说，却是重要的史料，对修著印度史有着极为重要的意义。

本书的写作过程中就有很多图片来源于《大唐西域记》，通过一一对应这本书里面有关各大圣地的描述，从而了解更多有关遗址的内容。

本章除了对玄奘西行的概况作简要叙述外，还总结概括了《大唐西域记》在印度佛教建筑、民居等方面的贡献，并就书内与建筑相关的内容稍作梳理。

综上可见，《大唐西域记》对整个古代印度各方面的研究都有着至关重要的作用，也为本书的完成提供了很多参考依据和史料记载。

结　语

佛陀释迦牟尼创立佛教以来，佛教便蓬勃发展至今。古印度时期，佛教在统治者的支持下得到广泛的传播，从佛陀时代开始便顺风顺水。但随着佛陀涅槃，佛教内部出现分歧，各部派分裂开来，虽然前期有阿育王等君主大力推广，最终也没能止住佛教在古印度颓败的节奏，在其发源地曾一度消失。所幸佛教传出天竺之后在亚洲各地得到了不同程度的发展，如今更是溯本逐源，各国僧侣再次远赴印度，这次不是像玄奘那样求取正宗佛法，而是将佛法带入印度，继续弘扬佛法。

在印度这个古老的国度，佛教建筑是印度建筑史上的一个重要组成部分，佛教建筑艺术在这里曾一度达到巅峰时期，对印度艺术的发展乃至中国佛教建筑和艺术有着深刻的影响，且其影响力一直持续到近代。今天印度的国徽便是阿育王时期佛教重要的构筑物阿育王石柱顶部的雄狮塑像，其精美的雕刻艺术和独特的造型让人惊叹。有些国家将印度式的佛教建筑原原本本地移植到本土，也有些国家则将这些印度佛教建筑结合本土文化发展出新的建筑形式。而佛教传入各国以后，由于其"中道"思想被统治者所用而得到支持，很快便在各国本土被人们所接受并扎根下来。在长期的发展中，佛教文化真正地融入各种文化中，佛教建筑成为很多国家的一种重要建筑形式

本书从城市文化和建筑艺术的角度出发，对古印度的佛教起源到盛期时的佛教建筑做了充分的论述和解析，并通过实地考察对遗址实例作做出进一步的考证，与玄奘的《大唐西域记》、法显的《佛国记》等中国僧人印度求法记载进行现场比对。玄奘、法显等中国僧人精神之崇高、学问之深入、观察之细致令人感动，他们对印度古代历史的重建作出了极大的贡献，在印度的城市考古和佛教遗址的保护上至今还在发挥作用。

古代印度佛教建筑主要有窣堵坡（即佛塔）、寺庙、石窟三种类型。本书通过查阅印度考古测绘局150余年来的考古资料，研读印度佛教历史、宗教理念以及城市规划、建筑学等相关书籍，采用图文并茂的方式，分析印度佛教遗存丰富的六大佛教圣地的历史与现状，以期抛砖引玉，给读者一个直观的感受。

中英文对照

地理名称

阿希切特拉：Ahichchhatra

安拉阿巴德：Allahabad

阿瓦拉：Amvara

鸯伽：Anga

阿西河：Assi River

阿伐蒂：Avanti

阿约提亚：Ayodhya

巴拉希萨山：Bala Hisar

贝拿勒斯：Banaras

巴雷利：Bareilly

巴沙：Basadh

巴加尔布尔：Bhagalpur

巴贾：Bhaja

斑嘎：Bhangarh

邦帕丁达：Bhatinda

皮尔山丘：Bhir Mound

菩提伽耶：Bodh Gaya

布兰迪巴：Bulandibagh

古占城：Champa

恰萨达：Charsadda

车提亚：Chetiya

德里：Delhi

迪奥拉河：Deora River

底比延：Dibbiyan

迪纳杰布尔县：Dinajpur

加哈达瓦拉：Gahadavala

甘达克：Gandak

甘陀库提：Gandhakuti

犍陀罗：Gandhara

恒河：Ganges River

迦瓦瑞拉：Ganwaria

哥穆尔河：GomalRiver

戈提哈瓦村：Gotihawa

哈斯汀普纳尔：Hastinajura

哈斯汀纳普尔：Hastinapura

贾巴尔普尔：Jabalpur

南瞻部洲：Jambudvipa

卡克奇库提：KachchiKuti，

羯陵伽：Kalinga

甘蒲奢：Kamboja

坎赫里：Kanheri

坎普尔：Kanpur

迦毗罗：Kapilavastu

卡拉：Kara

迦尸：Kashi

考夏姆比城：Kaushambi

柯萨莉亚：Kesariya

库伦河：Khurran River

考尔罗拉：Kolhua

贡迪维蒂：Kondivite

憍萨罗：Kosala

考善巴库提：Kosambakuti

肯拉哈尔：Kumrahar

俱卢：Kuru

拘尸那迦：Kushinagar

拉合尔：Lahore

梨车维：Lichchavi

勒克瑙：Lucknow

蓝毗尼：Lumbini

摩羯陀：Magadha

马西施马蒂：Mahishmati，今 Mandhata

末罗：Malla

马尔瓦：Malwa

芒格洛尔：Mangalkot

曼詹普尔：Manjhanpur

马图拉：Mathura

德里密拉特：Meerut

穆扎法尔布尔：Muzaffarpur

派奇库提：Pakkikuti

般遮：Panchala

华氏城：Patliputra

帕坦：Patan

巴特那：Patna

白沙瓦：Peshawa

毗普拉瓦：Piprahwa

普雷达斯帕扎：Pradakshinapatha

恰萨达：Pushikalavati，今 Charsadda

布色羯逻伐底：Pushkalavati

旧堡：Purana Qila

莱温德：Raiwind

王舍城：Rajagriha，今 Rajgir

罗赭迦特：Rajghat

拉玛巴：Ramabhar

拉瓦品第：Rawalpindi

鹿野苑：Sarnath

舍卫城：Shravasti

施令加瓦拉普纳：Shringaverapura

斯尔卡普：Sirkap

斯尔苏克：Sirsukh

萨博纳斯：Sobnath

颂克：Sonkh

颂河：Son River

舍卫城：Sravasti

苏罗萨：Surasena

斯瓦特河：Swat River

塔克西拉：Takshashila，今 Taxila

塔姆卢克：Tamluk

耽罗栗底：Tamralipti

陶利哈瓦镇：Taulihawa

提劳拉科特 (Tilaurakot

蒂普里：Tripuri

杜尔贾莱纳：Tuljalena

乌贾因：Ujjayini，今 Ujjain

吠舍离：Vaishali

跋沙：Vamsa

瓦拉纳西：Varanasi，古 Banaras

瓦拉纳河：Varuna River

跋沙王国：Vatsa Mahajanapada

弗栗特：Vriji

人物名称

费赫：A.Feuhrer

阿克巴：Akbar

庵罗女：Amrapali

阿阇世王：Ajatashatru

布哈拉塔：Bharata

频婆娑罗王：Bimbisara

卡莱雷：Carlleyle

波斯皇帝大流士大帝：Dareios the Great

旃陀罗笈多二世：Candragupta Ⅱ

埃尔德希：George Erdosy

胡马雍：Humayun

胡纳：Huna

J.B. 拉纳：J.B.Rana

克沙·苏珊：Keshar Sumsher

卡达·苏珊：Khadga Sumsher

克里希纳神：Krishna

鸠摩罗提篦：Kumaradevi

鸠摩罗笈多：Kumaragupta

凯洛斯：Kyros

麦加斯梯尼：Megasthenes

P.C. 穆克吉：P.C.Mukherji

波你尼：Panini

帕斯卡拉：Pushkara

舍尔沙王：Sher Shah Suri

塞建陀笈多：Skandagupta

筏驮摩那：Vardhamana

吠舍拉王：Vishala

威廉姆·琼斯：William Jones

雅达瓦家族：Yadava Clan

建筑名词

阿旃陀石窟：AjantaCaves

佛教寺庙：Buddhist Temple，Buddhist Monastery

乔堪祇塔：Chaukhandi stupa

达美克塔：Dhamekha Stupa

戈希塔拉玛：Ghoshitarama

金迪亚尔庙：Jandial Temple

达摩拉吉卡：Dharmarajika

法王塔：Dharmarajika Stupa

祇园精舍：Jetavanaana

卡利尔石窟：KarlaCaves

莫拉木拉杜：Mohra Muradu

拉玛巴：Ramabhar

窣堵坡：Stupa

毗诃罗：Vihara

其他

南印路线：Dakshinapatha

《诃利世系》：Harivamsa

《本生经》：Jatakas

遮娄其王朝：Kalachuri

贵霜王朝 (Kushana

《方广大庄严经》：Lalitavistara

《摩诃婆罗多》：Mahabharata

莫卧儿王朝：Mughal

巽加王朝：Shunga

上座部 (Therav à da

《吠陀经》：Veda

北印路线：Uttarapatha

尼陀那：Nidana

图片索引

第三章 印度佛教建筑的类型与特色

第四章　古代印度佛教六大圣地建筑遗址

第五章　《大唐西域记》对印度佛教建筑研究的贡献

参考文献

中文专著

[1] 季羡林. 朗润琐言：季羡林学术思想精粹 [M]. 北京：人民日报出版社，2011.

[2]（唐）玄奘. 季羡林，等校注. 大唐西域记校注 [M]. 北京：中华书局出版社，2000.

[3] 梁启超. 梁启超说佛 [M]. 北京：九州出版社，2006.

[4] 萧默. 天竺建筑行记 [M]. 北京：生活·读书·新知三联书店，2007.

[5] 东南大学建筑学院. 东亚建筑遗产的历史和未来 [M]. 南京：东南大学出版社，2006.

[6] 吴焯. 佛教东传与中国佛教艺术 [M]. 杭州：浙江人民出版社，1991.

[7] 贾应逸. 印度到中国新疆的佛教艺术 [M]. 兰州：甘肃教育出版社，2002.

[8] 李崇峰. 佛教考古——从印度到中国 [M]. 上海：上海古籍出版社，2014.

[9] 王贵祥. 东西方的建筑空间——传统中国与中世纪西方建筑的文化阐释 [M]. 天津：百花文艺出版社，2006.

[10] 傅崇兰，白晨曦，曹文明. 中国城市发展史 [M]. 北京：社会科学文献出版社，2009.

[11] 杨巨平，等. 走进古印度文明 [M]. 北京：民主与建设出版社，2003.

[12] 王其钧. 外国古代建筑史 [M]. 武汉：武汉大学出版社，2010.

[13] 黄心川. 印度哲学史 [M]. 北京：商务印书馆，1989.

[14] 陈志华. 外国建筑史 [M]. 北京：中国建筑工业出版社，1979.

[15] 杨鸿勋. 建筑考古学论文集 [M]. 北京：文物出版社，1987.

[16] 刘敦桢. 中国古代建筑史 [M]. 北京：中国建筑工业出版社，1984.

[17] 季羡林，等. 东方文化研究 [M]. 北京：北京大学出版社，1994.

[18] 叶公贤，王迪民. 印度美术史 [M]. 昆明：云南人民出版社，1991.

王镛. 印度美术 [M]. 北京：中国人民大学出版社，2010.

[20] 陈平. 外国建筑史：从远古至 19 世纪 [M]. 南京：东南大学出版社，2006.

译著

[1][美] 罗伊·C 克雷文. 印度艺术简史 [M]. 王镛，方广羊，陈聿东，译. 北京：中

国人民大学出版社，2003.

[2][巴基斯坦]艾哈默德·哈桑·达尼. 历史之城塔克西拉 [M]. 刘丽敏，译. 北京：中国人民大学出版社，2005.

[3][英]迈克尔·伍德. 印度的故事 [M]. 廖素珊，译. 杭州：浙江大学出版社，2012.

[4][意]玛瑞里娅·阿巴尼斯. 古印度——从起源至 13 世纪 [M]. 刘青，等译. 北京：中国水利水电出版社，2006.

[5][德]赫尔曼·库尔克，迪特玛尔·罗特蒙特. 印度史 [M]. 王立新，周洪江，译. 北京：中国青年出版社，2008.

[6][印度]KM潘尼迦. 印度简史 [M]. 简宁，译. 北京：新世界出版社，2014.

[7][英]迈克尔·伍德. 追寻文明的起源 [M]. 刘耀辉，译. 浙江：浙江大学出版社，2011.

[8][德]赫尔曼·库尔克，迪特玛尔·罗特蒙特. 印度史 [M]. 王立新，周红江，译. 北京：中国青年出版社，2008.

[9][意]马里奥·布萨利. 东方建筑 [M]. 单军，赵焱，译. 北京：中国建筑工业出版社，1999.

[10][日]陈舜臣. 西域余闻 [M]. 吴菲，译. 桂林：广西师范大学出版社，2012.

[11][印度]萨拉夫. 印度社会——印度历代各族人民革命斗争的历程 [M]. 北京：商务印书馆，1977.

[12][加]刘在信. 早期佛教与基督教 [M]. 魏道儒，李桂玲，译. 北京：今日中国出版社1991.

[13][俄]舍尔巴茨基. 大乘佛学——佛教的涅槃概念 [M]. 立人，译. 北京：中国社会科学出版社1994.

[14][俄]舍尔巴茨基. 小乘佛学——佛教的中心概念和法的意义 [M]. 立人，译. 北京：中国社会科学出版社1994.

[15][澳]A L巴沙姆. 印度文化史 [M]. 闵光沛，等译. 北京：商务印书馆，1998.

[16][印度]R C马宗达，等. 高级印度史 [M]. 张澍霖，夏炎德，刘继兴，译. 北京：商务印书馆，1986.

外文专著

[1]RanaPBSingh. Where the Buddha Walked：A Companion to the Buddhist Places of

India[M]. New Delhi: First Impression, 2003.

[2]Shobita PunjaGreat. Monuments of the IndianSubcontinent[M]. New Delhi: Bikram Grewal, 1994.

[3]Alexander Cunningham. The Ancient Geography of India[M]. [S.l.]: Hardpress Publishing, 2013.

[4]SatisGrover. The Architecture of India — Buddhist and Hindu[M]. [S.l.]: Vikas Publishing House, 1980.

[5]Jonathan Mark Kenoyer. Ancient Cities of the Indus ValleyCivilization[M]. Oxford: Oxford University Press, 1998.

[6]Gregory LPossehl. Ancient Cities of the Indus[M]. New Delhi: Vikas Publishing House Pvt Ltd, 1979.

[7]TakeoKamiya. TheGidetoArchitectureoftheIndianSubcontinent[M]. GOA: Architectue Autonomous, 2009.

[8]Swati Mitra. Walking with the Buddha: Buddhist Pilgrimages in India[M]. New Delhi: Goodearth Publications, 1999.

[9]Rana Basata Bidari. Lumbini [M]. Nepal: Hill Side Press, 2007.

[10]Swati Mitra, Parvati Sharma. World Heritage Series: The Great Chola Temples[M]. New Delhi: Goodearth Publications, 1999.

[11]Pratapaditya Pal. Orissa Revisited[M]. New Delhi: Marg Publications, 2001.

[12] Upinder Sigh. A History of Ancient and Early Medieval India: From the Stone Age to the 12th Century[M]. New Delhi: Person Publication, 2009.

[13]Monica Smith. The Archaeology of an Early Historic Town in Central India[M]America: University of Hawaii Press, 2003.

[14]KVSoundara Rajan. India Temple Styles — The Personality of Hindu Architecture[M]. New Delhi: Munshiram Manoharlal Publishers, 1972.

[15]Anna Libera Dallapiccola. The Stupa: Its ReligiousHistorical and Architectural Significance[M]. Wiesbaden: Franz Steiner Verlag, 1980.

[16]Lama Anagarika Govinda. Psycho — Cosmic Symbolism of the Buddhist Stupa[M]. Emeryville: Dharma Publishing, 1976.

期刊文献

[1] 张光直. 关于中国初期城市这个概念 [J]. 文物, 1985（02）.

[2] 郭湖生. 我们为什么要研究东方建筑 [J]. 建筑师, 1992（47）.

[3] 李珉. 论印度的早期佛教建筑及雕刻艺术 [J]. 南亚研究季刊. 2005（01）.

[4] 王益谦. 印度城市化历程与特征 [J]. 南亚研究季刊, 1992（07）.

[5] 孙士海. 印度的城市化及其特点 [J]. 南亚研究, 1992（12）.

[6] 赵玲. 从吠舍离到加尔各答——印度的佛教圣地和雕塑 [J]. 中国宗教, 2011（02）.

[7] 蓝毗尼：佛祖诞生的地方 [J]. 时代发现, 2012（06）.

[8] 定慧. 蓝毗尼简史 [J]. 法音. 2000（7）

[9] 漠及. 佛陀世界——印度佛教艺术 [J]. 域外风采, 2001（06）

[10] 陈诗豪. 倾听远古的足音——印度桑契大塔的佛教雕刻艺术 [J]. 美术报, 2006（03）.

[11] 印度佛教的圣地 [J]. 法乳之乡, 2006（78）.

[12] 孙尔康. 印度佛教论述 [J]. 西北民族学院学报, 1985（02）.

[13] 韩嘉为. 印度宗教建筑空间模式解析 [J]. 西安建筑科技大学学报（自然科学版）, 2002（04）.

[14] 李涛. 和谐世界的缩影——印度佛教圣地鹿野苑佛寺纪行 [J]. 胜地, 2008（8/9）.

[15] 赵琳, 张朝. 绳床、倚床、小床——魏晋南北朝椅子的雏形 [J]. 家具与室内装饰, 2004（07）.

[16] 孙尚勇. 论《大唐西域记》所载之佛本生窣堵坡 [J]. 西域研究, 2005（04）.

学位论文

[1] 张敏. 印度城市化问题探析 [D]. 石家庄：河北师范大学, 2012.

[2] 张强. 大唐西域记的内容及研究价值 [D]. 延吉：延边大学, 2012.

附录一　释迦牟尼足迹图（八大佛教圣地分布图）

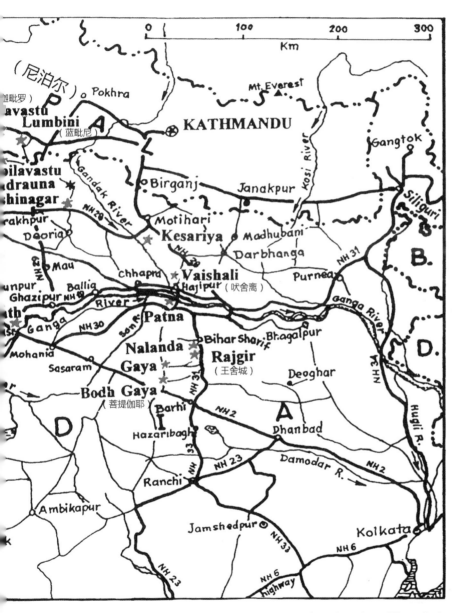

Rana P.B.Singh · Where the Buddha Walked

附录二 印度八大佛教圣地与《大唐西域记》对照表

佛教圣地名称	《大唐西域记》有关文字记载	
	位置	内容
蓝毗尼 （Lumbini）	卷第六 蓝摩国	1. 佛舍利窣堵坡 2. 沙弥伽蓝 3. 太子解衣剃发处 4. 灰炭窣堵坡
迦毗罗 （Kapilavastu）	卷第六 劫比罗伐窣堵国	1. 释迦为太子时传说 2. 太子踰城处 3. 二古佛本生处 4. 太子坐树荫处 5. 释种诛死处 6. 释迦证法归见父王处 7. 自在天祠及剑泉 8. 臘伐尼林及释迦诞生传说
菩提伽耶 （Bodh Gaya）	卷第八 摩揭陀国（上）	1. 金刚座 2. 菩提树及其事迹 3. 如来成道时日 4. 如来成道及诸奉佛遗迹 5. 菩提树垣附近诸迹 6. 南门外遗迹 7. 东门外遗迹 8. 北门外摩诃菩提僧伽蓝 9. 安居月日
鹿野苑 （Sarnath）	卷第七 婆罗痆斯国	1. 慈氏及护明受记窣堵坡 2. 三龙池及释迦遗迹 3. 象、乌、鹿王本生故事 4. 乔陈如等五人迎佛窣堵坡
舍卫城 （Sravasti）	卷第六 室罗伐悉底国	1. 胜军王 2. 逝多林给孤独园 3. 如来洗病比丘处 4. 舍利弗与目连试神通处及诸佛迹 5. 伽蓝附近三坑传说 6. 影覆精舍

续表

佛教圣地名称	《大唐西域记》有关文字记载	
	位置	内容
吠舍离 （Vaishali）	卷第七 吠舍离国	1. 佛说毗摩罗诘经所 2. 佛舍利窣堵坡及诸遗迹 3. 无垢称及宝积故宅 4. 庵没罗女园及佛预言涅槃处 5. 千佛本生故事 6. 重阁讲堂及诸圣迹 7. 故城及大天王本生故事 8. 七百圣贤结集 9. 湿吠多补罗伽蓝 10. 阿难分身寂灭传说
王舍城 （Rajgir）	卷第九 伽兰陀竹园、 王舍城	1. 佛舍利窣堵坡 2. 阿难半生窣堵坡 3. 第一结集 4. 迦兰陀池及石柱 5. 王舍城
拘尸那迦 （Kushinagar）	卷第六 拘尸那揭罗国	1. 雉王本生故事 2. 救生鹿本生故事 3. 善贤证果处 4. 执金刚躄地处 5. 释迦寂灭诸神异传说 6. 八王分舍利传说

图书在版编目（CIP）数据

印度佛教城市与建筑 / 汪永平，徐燕，王锡惠编著 .
南京：东南大学出版社，2017.5
（喜马拉雅城市与建筑文化遗产丛书 / 汪永平主编）
ISBN 978-7-5641-6701-1

Ⅰ . ①印… Ⅱ . ①汪… ②徐… ③王… Ⅲ . ①佛教–
宗教建筑–建筑艺术–印度 Ⅳ . ① TU-098.3

中国版本图书馆 CIP 数据核字（2016）第 197492 号

书　　名：**印度佛教城市与建筑**
责任编辑：戴　丽　魏晓平
装帧方案：王少陵
责任印制：周荣虎
出版发行：东南大学出版社
社　　址：南京市四牌楼 2 号
邮　　编：210096
出 版 人：江建中
网　　址：http://www.seupress.com
电子邮箱：press@seupress.com
印　　刷：深圳市精彩印联合印务有限公司
经　　销：全国各地新华书店
开　　本：700mm×1000mm　1/16
印　　张：13
字　　数：241 千字
版　　次：2017 年 5 月第 1 版
印　　次：2017 年 9 月第 2 次印刷
书　　号：ISBN 978-7-5641-6701-1
定　　价：79.00 元

若有印装质量问题，请与营销部联系。电话：025-83791830